高等职业教育科普教育系列教材

大数据概论

丛书主编 ◎ 沈言锦

本书主编 ◎ 罗湘明 谢剑虹

本书副主编 ◎ 邓国群 李卓 刘湘煜 郭俊

机械工业出版社
CHINA MACHINE PRESS

本书共分 6 章，分别为大数据时代、大数据思维、大数据技术、大数据应用、大数据安全和大数据的未来，旨在帮助读者掌握大数据的概念，了解大数据的技术与原理，熟悉大数据常用场景，了解大数据未来的发展趋势，并能够将大数据思维方式融入日常的学习和工作中。

本书适合高等院校大数据相关专业学生作为大数据入门教材学习，也可作为非大数据专业学生、对大数据感兴趣的读者的科普通识读物。

本书配有电子课件、习题及答案等数字资源，凡使用本书作为授课教材的教师可登录机械工业出版社教育服务网（www.cmpedu.com）下载。咨询电话：010-88379375。

图书在版编目（CIP）数据

大数据概论 / 罗湘明，谢剑虹主编. — 北京：机械工业出版社，2023.9

高等职业教育科普教育系列教材 / 沈言锦主编

ISBN 978-7-111-73698-1

Ⅰ.①大…　Ⅱ.①罗…　②谢…　Ⅲ.①数据处理–高等职业教育–教材　Ⅳ.①TP274

中国国家版本馆CIP数据核字（2023）第155457号

机械工业出版社（北京市百万庄大街22号　邮政编码100037）

策划编辑：杨晓昱　　　　　　责任编辑：杨晓昱　赵志鹏
责任校对：潘　蕊　李　婷　　封面设计：马精明
责任印制：刘　媛
涿州市般润文化传播有限公司印刷
2023年9月第1版第1次印刷
184mm×260mm · 10.5印张 · 178千字
标准书号：ISBN 978-7-111-73698-1
定价：48.00元

电话服务　　　　　　　　　　网络服务
客服电话：010-88361066　　　机　工　官　网：www.cmpbook.com
　　　　　010-88379833　　　机　工　官　博：weibo.com/cmp1952
　　　　　010-68326294　　　金　书　网：www.golden-book.com
**封底无防伪标均为盗版**　　机工教育服务网：www.cmpedu.com

# 前　言

中共中央办公厅、国务院办公厅印发的《关于新时代进一步加强科学技术普及工作的意见》指出，"科学技术普及（以下简称科普）是国家和社会普及科学技术知识、弘扬科学精神、传播科学思想、倡导科学方法的活动，是实现创新发展的重要基础性工作"，并要求"高等学校应设立科技相关通识课程，满足不同专业、不同学习阶段学生需求，鼓励和支持学生开展创新实践活动和科普志愿服务""强化职业学校教育和职业技能培训中的科普。弘扬工匠精神，提升技能素质，培育高技能人才队伍"。

党的二十大报告进一步提出加强国家科普能力建设，将科普作为提高全社会文明程度的重要举措。

为了落实党的二十大精神和《关于新时代进一步加强科学技术普及工作的意见》的文件精神，强化高职院校的科普教育，湖南省多家高职院校、研究机构共同编写出版高等职业教育科普教育系列教材，本书为该系列教材之一。

21 世纪是数据信息大发展的时代，移动互联、社交网络、电子商务等极大拓展了互联网的边界和应用范围，各种数据正在迅速膨胀并变大。互联网、移动互联网、物联网、车联网、GPS、医学影像、安全监控、金融、电信等都在疯狂产生数据。在大数据时代，能从纷繁芜杂的数据中提取的有价值的数据才是科技发展和创新的源泉。

党的二十大报告提出，"加快发展数字经济，促进数字经济和实体经济深度融合，打造具有国际竞争力的数字产业集群。"大数据技术是支撑数字经济发展的战略性技术，对贯彻新发展理念、构建新发展格局、推动高质量发展具有重要作用。

本书共分 6 章，分别为大数据时代、大数据思维、大数据技术、大数据应用、大数据安全和大数据的未来，主要介绍大数据的概念、发展历史、技术基础、应用模式、安全的应对及未来的发展，旨在帮助读者掌握大数据的概念，了解大数据的技术与原理，熟悉大数据常用场景，了解大数据未来的发展趋势，并将大数据思维方式融入日常的学习和工作中。

本书编写遵循下列四个要点：①以深入浅出的方式，激发读者崇尚科学、探索未知的兴趣，促进其科学素质的提高。②介绍基本概念或解释原理框架，让读者能切实理解和掌握大数据技术的基本原理及相关应用知识。③提供浅显易懂的案例，辅以拓展阅读，善用学习金字塔的学习效能要求，便于读者采用多元学习方式。④每章设置了难度适中的思考与练习，让读者在练习后能够更自信地建构大数据的基本观念与技术框架。

本书内容力求突出通识性和实用性，便于教学。国家基因库生命大数据平台、广西交通运输大数据资源管控平台、云南省福贡县脱贫、火星车数字人等案例，展示了中国式现代化的生机活力与美好光辉。

本书适合高等院校大数据相关专业学生作为大数据入门教材学习，也可作为非大数据专业学生、对大数据感兴趣的读者的科普通识读物。

感谢湖南省教育科学研究院、湖南汽车工程职业学院、湖南九嶷职业技术学院、永州职业技术学院、长沙环境保护职业技术学院等研究机构和院校对本书编写给予的大力支持，同时感谢机械工业出版社杨晓昱编辑对本书出版提供的指导与支持。

由于编写人员水平有限，如果读者发现本书有任何问题和不足，请不吝指正。

编　者

# 目 录

# Contents

# 第 1 章
# 大数据时代

大数据作为"一种新型的、功能强大的工具",使我们能够迅速把握事物的整体、相互关系和发展趋势,从而做出更加准确的预判、更加科学的决策、更加精准的行动。本章将从数据和大数据的定义展开,介绍数据的表达方式、大数据的特性、应用现状、前景和面临的挑战。

## 知识目标

- 了解数据的定义，熟悉数据的表达方式。

- 了解大数据的定义，熟悉大数据的主要特性。

- 了解大数据的应用场景，以及大数据面临的挑战。

## 科普素养目标

- 通过对数据的了解，树立科学意识。

- 通过学习大数据的产生历史，学会用发展的眼光看问题。

- 通过学习大数据应用场景，激发开拓创新的思维。

# 1.1 数据是什么

## 1.1.1 数据是这样定义的

随着智能手机的普及和各类 APP 应用的流行，"数据"作为计算机名词越来越深入人心。对于数据产生的场景、方式和传递方式，我们可以先从"数据"这个词的诞生开始解释。

"数据"这个词最早出现在拉丁文"datum"中，它有"给定的""已知的""被给予"的含义。"data"正式在英语中使用始于 17 世纪，用于描述基于事实或经验的信息。直到 20 世纪，随着计算机和信息技术的发展，"data"这个词才真正被广泛使用，并成为现代信息时代中最重要的概念之一。

中文"数据"相较英文"data"而言，更生动和形象，可从字面上读出数据的两层含义：数（数字、数值）和据（论据、根据）。

中文"数据"的最早使用可以追溯到 20 世纪 50 年代。随着我国科学技术的发展和现代化建设的需要，计算机技术和信息技术在国内得到应用和推广，为了表达这些新概念，"数据"一词开始被使用，用于描述数字化的信息和计算机处理的结果等概念，并逐渐成为中文中最重要的信息技术词汇之一，在当今数字化社会中被广泛应用。

## 1.1.2 数据是这样产生的

在互联网发达的今天，我们很容易在互联网找到关于"数据"的解释。可以发现，无论是英文的解释，还是中文的描述，"数据"都有一个明显的主动动作，这也是数据产生的方式，就是人们通过主动观察并搜集外界事物（包括人类自己）的所有互动反馈。类似我们小时候写的观察日记，只是现在的日记不再局限于自然、动物，还包含人类创造出来的科技生态中产生的所有信息，内容更丰富、更全面、更繁杂，存储介质也从可爱的日记本，变成了存储能力更强和应用功能更丰富的数字化介质，例如硬盘、数据库、云空间等。

所以我们可以用数据产生的方式来解释数据本身的概念。这些通过信息技术被有组织地收集的并存储到数字化介质上的数字、文字、图像、声音或视频等数字资源都被称为数据。数据的来源也非常丰富，举例如图1-1所示。

图1-1　数据的来源举例

### 1.1.3 数据是这样表达的

数据应该用什么方式表达呢？以下是几种常见的数据表达方式。

#### 1. 数值型数据

数值型数据指由数字组成的数据类型。例如，温度、重量、价格、时间等都可以用数值来表示。这种数据类型的主要特点是可以进行数值计算和比较。常见的数值型数据包括整数、浮点数和双精度浮点数等，具体解释见表1-1。

表1-1　常见数值型数据对比

| 数值类型 | 解释 | 应用范围 | 举例 |
|---|---|---|---|
| 整数 | 没有小数部分的数字，与数学中的整数概念一致 | 可以用于表示数量、位置、状态等。例如，年龄、产品数量 | 10，-5，0，100 |
| 浮点数 | 带有小数部分的数字 | 浮点数可以用于表示精度要求较高的数据，例如金融数据、科学数据等 | 3.14，-2.5，0.001，1.23E-10 |
| 双精度浮点数 | 一种比普通浮点数精度更高的浮点数 | 双精度浮点数可以存储更大的数字和更小的数字，并且具有更高的精度。通常用于需要高精度计算的领域，例如天文学、地理信息系统等 | 1.234567890123456，1.234567890123456E-10 |

#### 2. 文本型数据

文本型数据指由字符或字符串组成的数据类型（字符和字符串的概念见表1-2），通常用于存储和处理文本、文字、符号和标记等。例如，电子邮件、社交媒体帖子、新闻报道等都是文本型数据。

文本型数据不支持数值计算和比较，但支持文本处理和分析。常见的文本型数据格式见表 1-3。

表 1-2 字符和字符串的概念

| 数据类型 | 解释 | 应用范围 | 举例 |
|---|---|---|---|
| 字符 | 由单个字符组成的数据类型,可以是字母、数字、符号等 | 用于表示单个字符,例如性别、血型等。在计算机中,通常使用 ASCII 码或 Unicode 编码进行存储和处理 | 'a', '1', '@', ' 中 ' |
| 字符串 | 字符串是由多个任意字符组成的数据类型 | 字符串通常用于表示文本、句子、段落等。例如,一个句子、一篇文章、一个电子邮件等都可以用字符串来表示 | "Hello,World!", "12345","文本处理" |

表 1-3 常见的文本型数据格式

| 格式类型 | 解释 | 应用范围 | 举例 |
|---|---|---|---|
| 纯文本 | 指不包含任何格式或样式的文本,只包含字符和换行符等 | 纯文本格式通常用于存储或传输简单的文本信息,例如程序代码、配置文件、日志文件等 | 这是一个纯文本文件。它只包含文本,没有任何格式。 |
| CSV | 指使用逗号分隔不同字段的文本格式。每行表示一个记录,每列表示一个属性 | CSV 格式通常用于存储或传输表格数据 | 姓名,年龄,性别<br>张三,25,男<br>李四,30,男<br>王五,40,女 |
| JSON | 一种轻量级的数据交换格式,使用文本表示复杂的数据结构。通常使用花括号和方括号进行嵌套 | JSON 格式通常用于 Web 应用程序中,用于前后端数据交换,也被广泛用于 API 接口设计、配置文件等场景 | { "name": "张三", "age": 25, "gender": "男", "address": { "street": "上海市黄浦区南京东路100号", "city": "上海", "province": "上海市" }, "friends": [ { "name": "李四", "age": 30 }, { "name": "王五", "age": 40 } ] } |
| XML | 一种可扩展的标记语言,使用文本表示结构化的数据。使用标签和属性表示结构化的数据,可以使用任意自定义标签和属性 | XML 格式通常用于存储或传输具有复杂结构的数据,例如 Web 服务、数据交换、配置文件等 | <书籍> <书名>《围城》</书名> <作者>钱钟书</作者> <出版日期>1947年</出版日期> <出版社>商务印书馆</出版社> </书籍> |
| Markdown | 一种轻量级的标记语言,使用文本表示富文本内容 | Markdown 格式通常用于编写简单的文档、博客、电子邮件等 | # 这是一个标题 这是一个段落,它包含 *斜体* 和 **粗体** 文本。 ## 子标题 这是另一个段落,它包含一个 [链接](https://www.example.com)。 |

3. 图像型数据

图像型数据是由像素点组成的二维数组,每个像素点包含了图像中一个小区域的颜色和亮度信息。例如，照片、地图、表情包等都是图像型数据。常见的图像型数据格式见表 1-4。

表 1-4　常见的图像型数据格式

| 格式类型 | 特点和应用范围 |
| --- | --- |
| JPEG | JPEG 是一种有损压缩的图像格式，适用于存储照片和艺术图像等复杂的图像<br>JPEG 格式的图像通常具有较小的文件大小和较高的图像质量 |
| PNG | PNG 是一种无损压缩的图像格式，适用于存储图标、标志和简单的图像等<br>PNG 格式的图像可以支持透明度和不同的颜色深度，通常具有较高的图像质量和较大的文件大小 |
| GIF | GIF 是一种支持动画和透明背景的图像格式，适用于制作简单的动画和表情包等<br>GIF 格式的图像通常具有较小的文件大小和较低的图像质量 |
| BMP | BMP 是一种无损压缩的图像格式，适用于存储简单的图像和位图等<br>BMP 格式的图像通常具有较大的文件大小和较高的图像质量 |
| TIFF | TIFF 是一种无损压缩的图像格式，适用于存储高品质的图像和印刷品等<br>TIFF 格式的图像可以支持透明度、不同的颜色模式和分辨率等，通常具有较大的文件大小和较高的图像质量 |

4. 音频型数据

音频型数据是指由声音波形组成的数字信号。例如，歌曲、播客、语音留言等都是音频型数据。音频数据通常使用不同的格式进行存储，不同的格式有不同的压缩方式和编码方式，会直接影响到音质和文件大小。常见的音频型数据格式见表 1-5。

表 1-5　常见的音频型数据格式

| 格式类型 | 特点和应用范围 |
| --- | --- |
| MP3 | MP3 是一种有损压缩的音频格式，适用于存储音乐和语音等音频<br>MP3 格式的音频文件通常具有较小的文件大小和较高的音质 |
| WAV | WAV 是一种无损压缩的音频格式，适用于存储高品质的音乐和语音等音频<br>WAV 格式可以支持多种声道和采样率，通常具有较大的文件大小和较高的音质 |
| AIFF | AIFF 是一种无损压缩的音频格式，适用于 macOS 操作系统和一些音乐制作软件<br>AIFF 格式的音频文件通常具有较大的文件大小和较高的音质 |
| FLAC | FLAC 是一种无损压缩的音频格式，适用于存储高品质的音乐和语音等音频<br>FLAC 格式的音频文件通常具有较小的文件大小和较高的音质，但需要一定的计算资源进行编码和解码 |
| AAC | AAC 是一种有损压缩的音频格式，适用于存储音乐和语音等音频<br>AAC 格式通常具有较小的文件大小和较高的音质，可以支持多种采样率和声道 |

5.视频型数据

视频型数据是指由一系列图像帧组成的连续图像序列,用于记录和传输运动场景、动态图像等视觉信息。例如,电影、电视节目等都是视频型数据。视频型数据通常以一定的压缩方式进行存储,以减少文件大小并保证播放效果,所以存在不同的视频格式,以及不同的压缩方式和编码方式,这些都会直接影响视频质量和文件大小。常见的视频型数据格式见表 1-6。

表 1-6　常见的视频型数据格式

| 格式类型 | 特点和应用范围 |
| --- | --- |
| AVI | 微软公司开发的一种多媒体文件格式,支持多种视频和音频编解码方式,但是文件大小较大,逐渐被其他格式所替代 |
| MP4 | 是一种常见的数字多媒体容器格式,支持多种编解码方式,适合用于网络视频传输和流媒体播放,同时支持字幕、元数据等功能 |
| WMV | 微软公司开发的一种流行的视频格式,支持多种编解码方式,适合于网络视频传输,同时支持数字版权管理和加密等功能 |
| MOV | 苹果公司开发的一种视频格式,适合于 macOS 平台上的应用,支持多种编解码方式,同时支持高质量的视频和音频压缩 |
| MKV | 一种开源的多媒体容器格式,支持多种编解码方式,适合于高清视频存储和播放,同时支持多个音轨和字幕 |

人类是通过影像(视觉)、声音(听觉)、气味(嗅觉)、味道(味觉)和触感(触觉)这五感来接收世界的信息。其中视觉和听觉涉及的文字、数字、图像和声音已经被人类标准化出对应的数据表达。但是,目前的技术还无法直接存储和传递嗅觉、味觉和触觉。

人的感觉来自大脑中的神经元活动产生的电信号,这些电信号是非常复杂和多变的,目前的技术还不能完全模拟和复制这些电信号。然而,随着技术的发展,已经有一些初步的尝试来记录和传递人的感觉。例如,研究人员已经成功地使用功能性磁共振成像(FMRI)技术记录人的脑波,并且在一定程度上预测了他们所看到的图像和听到的声音。此外,还有一些研究在使用电刺激等技术刺激大脑,以传递某些感觉或创造虚拟体验。

相信在不久的将来,借助增强现实和虚拟现实技术的发展,其他三种感官都可能成为数据被保存和传递。如图 1-2 所示,元宇宙的世界会带来一个全新的五感世界。

图 1-2　元宇宙概念图（来源于 IGN 中国）

# 1.2　大数据是什么

## 1.2.1　大数据的产生历史

"大数据"在字面上可以简单解释成"数量较大的数据集合"，虽然这个概念在近 5 年才得到人们的关注，但是其产生的历史最早可以追溯到 20 世纪 60 年代。

在正式使用"大数据"概念之前，1964 年，加拿大传媒理论学者马歇尔·麦克卢汉（Marshall McLuhan）在他的著作《理解媒介：论人的延伸》（*Understanding Media：The Extensions of Man*）中首次提出了"全球村"和"信息爆炸"的概念。麦克卢汉认为，现代的通信技术将人类推向了一个全新的信息时代，正在把世界变成一个紧密相连的"全球村"，同时导致了信息的爆炸式增长，这个时代不仅给人们带来了丰富的信息和新的媒介形式，也给人类带来了深刻的文化和社会变革。自此以后，"信息爆炸"成为一个广泛使用的概念，被用来描述信息时代的特征和现象，也引发了人们对"信息（数据）"的关注，推动了"信息（数据）"技术的发展。

1998 年，美国高性能计算公司 SGI 的首席科学家约翰·马西（John Mashey）在一个国际会议报告中指出：随着网络数据量的快速增长，必将出现数据难理解、难获取、难处理和难组织等四个难题。为了描述这一挑战，约翰·马西提出了一个概念，Big Data，即大数据。

2000 年以后，随着互联网的普及和应用，以及大数据技术的突破，大数据概念逐渐被商业界所接受，应用大数据开始成为一个热门话题。特别是著名的大数据分布式计算框架 Hadoop 在 2008 年成为 Apache 顶级项目后，这个概念进一步引起人们的广泛关注。现在，Hadoop 生态已经成为人们处理和分析海量数据的重要手段，对各行各业都产生了深远的影响，Hadoop 形成的生态圈带动了大数据各项技术的蓬勃发展，具体技术名称如图 1-3 所示。

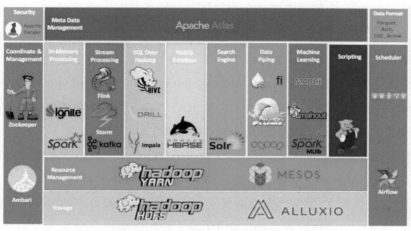

图 1-3　Hadoop 生态系统图

2001 年，著名的 IT 分析公司 Gartner 在其报告中首次使用了"大数据"这个词语。2012 年，数据科学家维克托·迈尔·舍恩伯格出版的《大数据时代》（见图 1-4）将大数据的概念带到中国，使其得到更加广泛的传播。

图 1-4　《大数据时代》书籍封面

### 1.2.2 大数据的主要特性

关于大数据的定义，美国咨询公司麦肯锡（McKinsey）于 2011 年在研究报告《大数据：创新、竞争和生产力的下一个前沿》（*Big data*：*The next frontier for innovation, competition, and productivity*）中给出了大数据的定义：大数据是指数据量巨大、类型多样、增长迅速，难以通过传统方式获取、存储、管理和分析的数据集合。这些数据集合对于提高生产力、创造就业机会、改善消费者生活、优化资源利用以及增强创新能力等方面具有潜在的经济和社会价值。

2001 年，资深的数据管理和分析专家道格·莱尼（Doug Laney）在美塔集团（META Group，后被 Gartner 收购）发布了一篇名为《3D 数据管理：控制数据容量、处理速度及数据多样性》（*3D Data Management*：*Controlling Data Volume, Velocity and Variety*）的研究报告，首次提出了大数据的"3V"特征，即数据量（Volume）、数据处理速度（Velocity）和数据多样性（Variety）。

后来作者在此基础上修改完善，于 2012 年在 Gartner 上发布了名为《处理大数据：5V 特性》（*Dealing With Big Data*：*The 5Vs*）的研究报告，也就是现在广泛使用的大数据 5V 特性定义，即 Volume（数据量大）、Velocity（数据处理速度快）、Variety（数据多样性）、Veracity（数据真实性）和 Value（数据价值），如图 1-5 所示。

图 1-5　大数据 5V 特性图

> Volume（数据量大）：大数据指的是数据量非常庞大的数据集合，其规模可以从几十 TB 到数百 PB 不等，远超传统的数据处理能力，通常需要使用分布式计算和存储技术来处理。

> Velocity（数据处理速度快）：大数据的产生速度非常快，数据的实时性和即时性需求非常高，需要实时处理和分析数据。

> Variety（数据多样性）：大数据中包含各种类型和来源的数据，如传感器数据、

社交媒体数据、视频和音频数据等。这些不同类型的数据需要采用不同的技术和工具进行处理和分析。

➤ Veracity（数据真实性）：指大数据的真实性和可信度。由于数据来源的复杂性和数据质量的不确定性，大数据中存在大量的噪声和错误数据，大数据分析往往需要面临数据不准确或者存在误差的情况，因此需要采用数据清洗和验证技术来确保数据的准确性和可信度。

➤ Value（数据价值）：大数据的数据源、数据类型和数据关系非常复杂，需要使用多维度分析技术来深入挖掘数据中的价值信息，帮助企业和组织做出更好的决策，发现新的商业机会和提高工作效率。

### 1.2.3　大数据的应用场景

伴随着物联网、人工智能等技术的兴起，大数据技术不仅在科技领域发挥作用，而且在商业、金融、医疗、教育、政府和制造等各个领域都有丰富的应用场景，并且在不断扩大。

#### 1. 商业领域案例：京东物流系统

京东物流集团于 2017 年 4 月正式成立。京东物流建立了包含仓储网络、综合运输网络、最后一公里配送网络、大件网络、冷链物流网络和跨境物流网络在内的高度协同的六大网络，具备数字化、广泛和灵活的特点，服务范围覆盖了中国几乎所有地区、城镇和人口。京东智慧物流在数据应用方面，主要是基于大数据预测分析技术实现智能化的调度、决策，提升物流效率，最终提升客户的体验。比如，京东物流地图平台利用时空大数据、自然语言处理、运筹优化、深度学习等技术，智能识别和管控用户下单地址信息，精准解析地理位置，保障全国范围内无差别上门揽派服务。

#### 2. 金融领域案例：支付宝的风控系统

支付宝作为移动支付领航者，借助大数据和 AI 技术，历经十多年的发展，构建了世界级领先的风控技术能力。支付宝从原先的 CTU 风控引擎全面进入 AlphaRisk 时代，坚持运用科技和创新的手段，"技术＋数据"开放驱动，构建链接用户、商家、银行、公安等伙伴的新金融安全生态，并配合众多政府职能部门，利用 AI 技术和大数据计算能力，联合打击互联网黑灰产业，拓展安全的边界，形成了一个良性的循环。

#### 3. 医疗领域案例：微医互联网医院

微医成立了首家互联网医院——乌镇互联网医院，同时开创了中国"互联网＋医

疗健康"创新模式的先例,通过大数据分析和人工智能技术,公司开发了智能解决方案,帮助医疗服务提供方提高其服务效率和质量,并为医疗价值链上的主要参与者赋能。例如,创建九个主要标签库,广泛覆盖逾84万种标签(如疾病、药物、症状和医院);创建一个人工智能辅助分诊系统,将用户的需求与合适的医生进行精准匹配,大大减少了用户数字医疗问诊的等待时间,同时帮助医生有效管理其患者。微医推出的极速问诊服务能够平均在三分钟内为用户匹配一位合适的三级甲等医院医生。

**4. 教育领域案例: 作业帮**

在线教育企业作业帮依托"教育+科技"双引擎战略,整合6.6亿题库、学情大数据、专业教学教研团队,以及AI技术等四大核心优势,通过对海量用户数据和学习行为的挖掘、研究分析,为学生、学生家长提供个性化参考,同时帮助老师进行数据化、精细化、本地化教研教学,并为教育部门的未来决策提供可量化的数据参考。

**5. 政府领域案例: 中国电子口岸**

中国电子口岸由国务院16个部委共同建设,中国电子口岸数据中心承建,主要承担国务院各有关部门间与大通关流程相关的数据共享和联网核查,面向企业和个人提供"一站式"的口岸执法申报基本服务。它依托互联网,将进出口信息流、资金流、货物流集中存放于一个公共数据平台,实现口岸管理相关部门间的数据共享和联网核查,并向进出口企业提供货物申报、舱单申报、运输工具申报、许可证和原产证书办理、企业资质办理、公共查询、出口退税、税费支付等"一站式"窗口服务,是一个集口岸通关执法服务与相关物流商务服务于一体的大通关统一信息平台,并逐步延伸扩展至国际贸易各主要服务环节,实现国际贸易"单一窗口"功能。

**6. 制造领域案例: 比亚迪**

比亚迪在新能源汽车领域发展迅猛,充分利用科技提升自身品牌价值,其中大数据技术在助力新能源客车安全运营上起到了重要作用。比亚迪针对电池容量衰减,通过把数据采集到云台,云台里内嵌了电池容量衰减以及电池SOH预测模型,可以精准估算得出可视化分析结果。另外,针对驾驶行为分析应用,通过对正常和异常加速特征进行分析,云平台监测修正,可以不断提升防误踩算法准确度。

### 1.2.4 大数据面临的挑战

大数据主要面临四大挑战,分别是数据集成的挑战、数据分析的挑战、数据隐私与安全的挑战、大数据能耗的挑战。

1. 数据集成的挑战

（1）广泛的异构性

①数据类型从以结构化数据为主转向结构化、半结构化、非结构化三者的融合。

②数据产生方式的多样性带来了数据源的变化。

（2）数据质量

数据量大不一定就代表信息量或者数据价值的增大，相反很多时候意味着信息垃圾的泛滥。

2. 数据分析的挑战

随着大数据时代的到来，半结构化和非结构化数据量的迅猛增长，给传统的分析技术带来了巨大的冲击和挑战，主要体现在以下几个方面。

（1）数据处理的实时性

随着时间的流逝，数据中所蕴含的知识价值往往也在衰减，因此很多领域对于数据的实时处理有需求。在实时处理的模式选择中，主要有三种思路：即流处理模式、批处理模式以及二者的融合。虽然已有的研究成果很多，但仍未有一个通用的大数据实时处理框架。

（2）动态变化环境中索引的设计

关系型数据库中的索引能够加速查询速率，但是传统数据管理中的模式基本不会发生变化，因此在其上构建索引主要考虑的是索引创建、更新的效率等。大数据时代的数据模式随着数据量的不断变化可能会处于不断的变化之中，这就要求索引结构的设计简单、高效，能够在数据模式发生变化时快速调整并适应。目前，存在一些通过在非关系型数据库（NoSQL 数据库）上构建索引来应对大数据挑战的一些方案，但这些方案基本都有特定的应用场景，且这些场景的数据模式不太会发生变化。在数据模式变更的假设前提下设计新的索引方案将是大数据时代的主要挑战之一。

（3）先验知识的缺乏

传统分析主要针对结构化数据展开，这些数据在以关系模型进行存储的同时就隐含了这些数据内部关系的先验知识。比如我们知道所要分析的对象会有哪些属性，通过这些属性我们又能大致了解其可能的取值范围等。这些知识使得我们在数据分析之前就已经对数据有了一定的理解。而在面对大数据分析时，一方面是半结构化和非结构化数据的存在，这些数据很难以类似结构化数据的方式构建出其内部的正式关系；另一方面很多数据以流的形式源源不断的到来，这些需要实时处理的数据很难有足够的时间去建立先验知识。

### 3. 数据隐私与安全的挑战

数据隐私与安全的挑战主要有以下几点。

（1）隐形的数据暴露

大数据的价值呈现不同于传统数据。传统数据的价值一般直接呈现在有限范围内可见到的数据上，如交易数据、科技论文等，而大数据的价值呈现则需要大范围地不断挖掘，如客户的消费偏好、科技发展的热点和趋势等。因此大数据中存在两种形态的数据，一种是显形数据，另一种是隐形数据。

显形数据是指能直接看到的数据，也就是说数据就在眼前。隐形数据是指需要经过挖掘（即搜集、分析、关联和生成）之后才能看到的数据，也就是说这种数据最初是不知道在哪里的，需要时才去通过挖掘来获取，使其成为显形数据。

人们通常关注的是显形数据，却往往忽视了隐形数据。如何保护大数据中的隐形数据安全？这是不同于传统数据安全保护的新挑战。传统数据安全保护对象是看得见的显形数据，保护措施直接落在需要保护的数据上，如加密、访问控制等，但这种保护措施却不适用于看不见的隐形数据。

对隐形数据的安全保护，可以通过从安全角度规范数据挖掘过程、审查数据挖掘方法、控制数据挖掘工具，达到保护隐形数据安全的目的。为此，需要新的思路、方法和技术手段来发现隐形数据的安全隐患并加以防范。同时，在大数据安全教育培训中，增加人们对隐形数据安全保护的意识及相关知识和技能。

（2）数据公开与隐私保护、数据安全的矛盾

一方面，数据共享开放的需求十分迫切。对于单一组织机构而言，往往靠自身的积累难以聚集足够的高质量数据。大数据应用的威力在很多情况下源于对多源数据的综合融合和深度分析，从而获得从不同角度观察、认知事物的全方位视图。因此，只有通过共享开放和数据跨域流通才能建立信息完整的数据集。

然而，另一方面，数据的无序流通与共享，又可能导致隐私保护和数据安全方面的重大风险，必须对其加以规范和限制。2021年9月1日《中华人民共和国数据安全法》正式执行，明确了个人信息和重要数据的收集、处理、使用和安全监督管理的相关标准和规范。

但是如何兼顾发展和安全，平衡效率和风险，在保障安全的前提下，不因噎废食，不对大数据价值的挖掘利用造成过分的负面影响，仍然是当前全世界在数据治理中面临的共同课题。

（3）数据动态性

大数据时代数据的快速变化除了要求有新的数据处理技术应对之外，也给隐私保护带来了新的挑战。现有隐私保护技术主要基于静态数据集，而在现实中，数据模式和数据内容时刻都在发生着变化，因此在这种更加复杂的环境下实现对动态数据的利用和隐私保护将更具挑战。

### 4. 大数据能耗的挑战

在能源价格上涨、数据中心存储规模不断扩大的今天，高耗能已逐渐成为制约大数据快速发展的瓶颈。从小型集群到大规模数据中心都面临着降低能耗的问题，但是尚未引起足够的重视，相关的研究成果也较少。在大数据管理系统中，能耗主要由两大部分组成：硬件能耗和软件能耗，二者之中又以硬件能耗为主。在理想状态下，整个大数据管理系统的能耗应该和系统利用率成正比。但是实际情况并不像预期情况，系统利用率为 0 的时候仍然有能量消耗。

**拓展阅读**

#### 大数据时代，如何保护个人信息

大数据杀熟、过度索权、泄露隐私、乱发信息等新闻不断见诸报道，消费者应如何保护个人信息？

1. 积极学习《个人信息保护法》及相关法律法规

消费者要主动学习《个人信息保护法》及相关法律法规，了解个人信息和敏感个人信息的处理规则、自身在个人信息处理活动中所享有的权利、个人信息处理者应当承担的义务以及个人信息权益受到侵害时的救济方式等内容。从最小范围原则、公开透明原则、消费者知情权、消费者撤回权、自动决策、个人信息公开等方面关注相关条款，提升个人信息保护的意识和能力，用法律武器来指导消费实践。

2. 仔细阅读相关隐私政策及条款

消费者在注册平台会员时，要仔细阅读相关的隐私政策及条款，了解经营者处理个人信息的方式、范围、目的和依据等，养成"非必要不提供"的良好习惯。

3. 发现个人信息受到侵害时及时关闭个性化推送

建议消费者加强隐私保护意识，当发现个人信息被过度收集或者利用时，可

以选择关闭个性化推送。

**4. 及时销毁删除载有个人信息的资料单据**

消费者要保护好带有个人信息的单据和资料，防止因随意丢弃、使用不当等造成个人信息泄露。如处理未脱敏的快递单据时，应及时销毁，或是涂抹掉关键信息后再丢弃；在向他人提供身份证等重要证件的复印件时，最好显著标识此复印件的用途；一些带有个人敏感信息的电子数据，如证件照片等，建议用完即删或者加密存储。

**5. 积极维护自身合法权益**

消费者要积极行使对经营者进行个人信息处理活动的监督权。当发现个人信息权益受到侵害或者发现经营者存在违法处理消费者个人信息行为时，要主动向个人信息保护管理部门或者消费者协会进行投诉、举报，提供案件线索和相关凭证，维护自身权益，有力遏制不法侵害个人信息权益的行为。

## 思考与练习

【选择题】

1. 数据是指（　　　）。

　　A. 有用的信息　　　　　　　B. 有序的信息

　　C. 无序的信息　　　　　　　D. 未加工的信息

2. 大数据的概念是指（　　　）。

　　A. 数据量非常大的数据集合

　　B. 数据来源非常多的数据集合

　　C. 数据处理速度非常快的数据集合

　　D. 数据处理结果价值非常高的数据集合

3. 下列哪个不是大数据的特点？（　　　）

　　A. 高速性　　　　　　　　　B. 多样性

　　C. 真实性　　　　　　　　　D. 低价值密度

4. 下列哪个不是大数据应用在金融领域的例子？（　　　）

　　A. 信用评估　　　　　　　　B. 风险控制

　　C. 投资决策　　　　　　　　D. 人脸识别

5. 大数据的特点包括（　　　）。

　　A. 规模小、来源单一、速度快、价值密度高

　　B. 规模大、来源多样、速度快、价值密度低

　　C. 规模大、来源单一、速度慢、价值密度高

　　D. 规模小、来源单一、速度慢、价值密度低

【问答题】

1. 大数据的特性有哪些？这些特性对大数据处理和分析有什么影响？

2. 未来大数据的发展趋势是什么？大数据技术将如何影响社会和经济发展？

3. 大数据的应用存在哪些潜在风险？如何规避这些风险？

# 第 2 章
# 大数据思维

　　近年来大数据技术的快速发展深刻改变了我们的生活、工作和思维方式。大数据研究专家舍恩伯格指出，大数据时代，人们对待数据的思维方式会发生如下三个变化：第一，人们处理的数据从单一样本数据变成全样本数据；第二，由于是全样本数据，人们不得不接受数据的混杂性，而放弃对精确性的追求；第三，人类通过对大数据的处理，放弃对因果关系的渴求，转而关注相关关系。事实上，大数据时代带给人们的思维方式的深刻转变远不止上述三个方面。本章将详细阐述大数据思维中的总体思维、容错思维和相关思维。

## 知识目标

- 了解大数据思维的基本概念，熟悉对大数据思维的定义及解释。

- 了解大数据思维与传统数据思维的区别，明确大数据思维在当前时代的合理性。

- 了解大数据思维在具体场景的应用，熟悉大数据思维在前沿技术算法中的指导作用。

## 科普素养目标

- 通过了解大数据思维，学习在大数据时代的新思维方式。

- 通过区分大数据思维与传统数据思维，树立勇于打破传统的创新精神。

- 通过学习大数据思维的具体应用案例，激发辩证思维。

## 2.1　总体思维：关注全部而非部分

在大数据时代，我们经常需要面对海量数据，这些数据可以包括各种类型的信息，如文本、图像、音频等。要想从这些数据中获取有价值的信息和洞见，就需要有一种总体思维方式，即关注全部而非部分。

### 1. 关注全部

关注全部就是指在处理大数据时，需要关注数据的全局特征，而不是只关注其中的一部分。这是因为大数据中的每个数据点都可能携带着重要的信息，而忽略了其中的任何一个数据点都可能导致信息的丢失。因此，需要有一种全局性的思维方式，将所有数据点都纳入考虑范围之内，以便更好地理解和应用数据。

### 2. 关注部分

关注部分则是一种局部性的思维方式，它可能会导致信息的偏颇和失真。在处理大数据时，由于数据的数量巨大，单纯地关注其中的一个子集往往是不够充分和准确的。因此，需要采用一种全局性的思维方式，将所有数据点都纳入考虑范围之内。

### 案 例

#### 福贡县在 2020 年成功脱贫

脱贫攻坚是一项事关民生的系统性工程，牵扯到产业发展、人口结构、受教育程度、地理环境等各方面。福贡县是云南省怒江州下辖的一个县，是我国西南地区的边缘县。福贡县属于高山峡谷区，地形复杂，生产条件恶劣。

截至 2019 年，通过对福贡县经济发展的全方位数据采集，分析得出福贡县的贫困特点如下：

1. 农村人口占比大，多以养殖业和种植业为主，家庭收入单一，受气候影响较大。根据国家统计局发布的《2019 年福贡县国民经济和社会发展统计公报》，2019 年末全县常住总人口达到 102799 人，城镇化率达到 16.42%。这意味着还有接近 74% 的农村人口。

2. 地处边缘山区，交通不便，教育和文化氛围相对薄弱，普遍受教育程度低。全县森林覆盖率达到 79.47%，农业资源有限，森林资源丰富但开发利用程度较低，水资源不足，经济发展面临较大压力。

3. 基础设施建设滞后，电力、通信等基础设施建设水平需要加强。

根据上述特点，结合当地优势特色，对福贡县整体经济发展水平、经济结构进行全数据采样分析可知，福贡县要想实现全面脱贫，可以采取如下措施：

一是大力发展特色产业。福贡县根据当地的地理环境和民俗风情，发展了"三品一标"特色产品，包括丽江文旦柚、怒江翡翠、福贡红稻和傈僳族手工编织品等。通过发展特色产业，激发了当地经济发展的内生动力，带动了贫困户增收致富。

二是实施"旅游扶贫"计划。福贡县根据当地自然风光和民族文化，积极发展旅游业，建设旅游景区和民俗村寨，吸引游客来到福贡县旅游观光。通过发展旅游业，推动了当地农民和村民就业和增收，实现了农村旅游和乡村振兴的有机衔接。

三是改善基础设施建设。福贡县在电力、通信、交通、教育、医疗等方面加大投入，大力改善基础设施建设，提高了当地基础设施的水平，为当地经济社会发展提供了有力的支撑。

福贡县通过对贫困人口进行全面的数据采集和综合分析，实施"精准扶贫"计划；通过制定个性化的扶贫措施，解决了贫困人口的实际问题，帮助他们实现了脱贫致富。例如福贡县富岩镇阿娘村，根据对当地村民的手工艺技能进行的调查和评估，设立了手工艺品展示中心，提供展销平台。如今阿娘村的手工艺品展示中心已成为当地的特色文化产业，不仅带动了当地村民的收入增长，还吸引了大量游客前来参观和购买，为村民创业提供了更多的机会，成功脱贫。

因此，针对脱贫这个广泛的理念，需要通过对大而全的数据进行分析，得出脱贫工作的困难点，并更好地发挥优势。同时，也需要借助各种工具和技术，如数据可视化、机器学习等，以更好地分析和利用大数据。

# 2.2　容错思维：关注效率而非精准

在过去，数据量相对较小且不太复杂，精准性是最重要的考虑因素。然而，随着社会的发展和科技的进步，数据已经变得极其庞大、复杂和多样化。在这种情况下，如果一味地追求数据的精确性，不仅会消耗大量的时间和资源，而且可能会忽视一些重要的信息和趋势。这时，关注效率而非精准的容错思维便应运而生。

关注效率而非精准的大数据思维的核心在于，通过快速地获取大量数据的整体趋势和规律，做出更加高效、准确和实用的决策。

### 案 例

#### 美团外卖的送达时间预测

美团外卖利用大数据技术来提高送餐效率和准确性。它通过大数据分析骑手位置、路况、订单量等多种因素，预测送餐时间并实时更新，以提高送餐效率和用户体验。

2021 年 9 月 10 日，美团公布了"预估配送时间"算法，以降低骑手的送餐压力，同时缓解顾客的等餐焦虑，从而降低商家、顾客、骑手之间的冲突。

在美团外卖预测时间算法中，有一些关键的数据和技术应用。

1. 模型估算时间算法

它基于历史订单详情和区域供需等信息，通过机器学习得出预估到达时间。该算法主要依靠大量数据的积累和分析，通过自动学习和调整，不断优化模型，使得预测结果越来越准确。这种算法不仅可以提高效率，还可以预防因特殊情况而导致的配送延误。

2. 城市特性保护时间算法

根据不同的城市地理及通行特性设定保护时间。不同的城市有不同的道路、交通规则和交通工具，因此配送时间也会有所不同。为了提高配送效率，美团外卖根据城市的地理特征和交通状况，设定了城市特性保护时间，从而避免因城市特性而导致的延误。

3. 分段保护时间算法

根据配送过程分段设定保护时间。具体来说，该算法将配送过程分成商家出餐、

骑手到店、骑手骑行、用户小区交付几段时间，对每一段时间进行保护，使得整个配送过程更加高效。这种算法的特点是针对配送过程的不同阶段进行分析和优化，可以更加精准地掌握配送时间。

4. 分距离保护时间算法

根据不同的配送距离设定保护时间。这种算法是基于物理距离而不是时间距离的考虑，通过对不同距离段的配送时间进行保护，避免了因距离不同而导致的配送延误。这种算法的优点是简单易行，但需要大量的数据积累和分析。

在骑手接到订单时，平台会按照上述四种计算结果给出最长的预测时间。通过四种预估模型，可以大大简化数据来源，单一计算，尽可能追求效率，以最长预测时间作为保护时间，保障骑手的安全、利益，同时尽可能满足用户对送餐的效率要求。

这种关注效率而非精准的容错思维，可以更好地帮助我们理解和利用数据，发现数据的潜在价值，并且更加快速地做出决策。然而，也需要注意，关注效率而非精准并不等同于对数据质量和准确性不做要求，数据的质量和准确性依然是处理大数据的基础和前提。

## 2.3 相关思维：关注相关而非因果

在大数据的分析中，我们往往需要通过海量数据来寻找各种现象之间的联系和规律。这就需要我们运用相关思维，即关注相关而非因果。

相关指的是两个或多个变量之间的相关性，即它们之间存在某种程度上的联系或者影响关系。通过挖掘数据之间的相关性，我们可以发现一些以前没有意识到的现象和规律，从而为决策和预测提供更加准确的依据。

而因果关系则指的是一种因果联系，即一个事件的发生是由于另一个事件的影响所导致的。在海量数据的背景下，要确定两个变量之间的因果关系是非常困难的，甚至是不可能的。如果强行寻找因果关系，可能会导致错误的结论和偏见。

**注意**

相关性并不意味着因果关系。通过大数据分析得到的相关性结论只是指出变量之间存在某种联系，但并不能确定其中的因果关系。因此，在进行决策和预测时，我们需要考虑其他可能的因素，避免因为关注了相关性而忽视了其他重要因素，导致错误的决策和预测。

**案例**

## 淘宝的个性化推荐算法

很多时候，用户自己也不清楚自己想要买什么东西。在新用户刚刚注册使用的冷启动阶段时，没有搜索记录、购买历史等数据用于佐证商品推荐是否合理。因此，追求因果性在推荐算法中容易钻入牛角尖，使得数据分析得出的结果有失偏颇。

淘宝上有几亿的产品，如何从中挑选最适合的数十条产品展现给淘宝用户呢？这就是淘宝个性化推荐算法的价值。推荐系统主要分为两个阶段：召回阶段和排序阶段。

召回，指的是从全量信息集合中触发尽可能多正确的结果，并将结果返回给排序作为输入。排序分为粗排、精排、重排。

召回模块的主要任务是高效地从整个商品池中筛选出一小部分用户可能感兴趣的商品，提供给粗排和精排环节进行再次的筛选和排序。召回模块具备处理数据量大、模型够快的特点。因此这限定了它不能用太多的特征和太复杂的模型，这也是为什么需要更为关注相关性的原因。

个性化推荐算法的核心逻辑是物以类聚，人以群分，也叫千人一面的推荐算法。这种算法会对商品进行分类，当用户浏览某些商品时，会按照该商品的分类，推荐同类型同标签的其他商品以供选择。

更为核心的部分在于，淘宝对于用户的基本数据进行建模画像（见图 2-1），并进行标签。如果某个用户不知道自己想要什么，那么没关系，别的同类型用户已购买的商品中说不定就有他想要的。

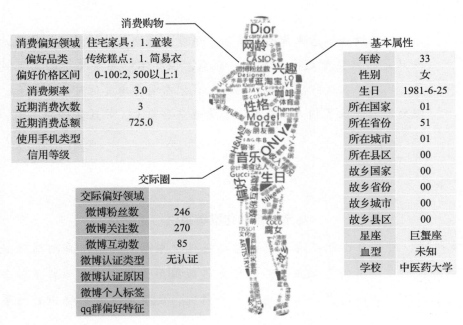

图 2-1　建模画像

## 思考与练习

【选择题】

1. 一位分析师正在处理一组包含 100000 个数据点的数据集，他想要确定数据集中的异常值。他应该采用以下哪种方法？（　　）

   A. 只关注数据集中的前 100 个数据点

   B. 只关注数据集中的后 100 个数据点

   C. 关注数据集中的全部数据点

   D. 关注数据集中的中间 100 个数据点

2. 一家电商公司想要通过大数据分析来提高销售额。他们已经收集了大量的用户数据，包括用户的购买历史、浏览历史、搜索历史等。他们想要确定哪些产品是最受欢迎的。他们应该采用以下哪种方法？（　　）

   A. 只关注销售量最高的产品

   B. 只关注用户评分最高的产品

   C. 关注所有产品的销售量和用户评分

   D. 只关注最近一个月内的销售量和用户评分

3. 关注效率而非精准的大数据思维的核心在于什么？（　　）

   A. 追求数据的精确性

   B. 快速地获取大量数据的整体趋势和规律

   C. 对数据的质量和准确性不要求

   D. 处理小数据

4. 大数据分析中通常采用什么来寻找变量之间的联系和规律？（　　）

   A. 因果关系　　　　　　　　B. 相关性

   C. 相互作用　　　　　　　　D. 随机性

5. 为什么在大数据分析中要关注相关性而非因果关系？（　　）

   A. 因果关系很容易确定

   B. 相关性可以得到更准确的结论

   C. 因果关系可以避免偏见

D. 相关性和因果关系没有区别

**【问答题】**

1. 大数据分析中为什么需要关注全部而非部分？请举例说明。

2. 在哪些大数据应用场景中需要关注效率而非精准？请举例说明。

3. 你认为大数据分析中关注相关而非因果是否会导致分析结果的不准确性？请举例说明。

# 第 3 章
# 大数据技术

　　大数据技术涵盖了数据采集、数据预处理、数据存储、数据分析等多个方面。它包括了各种技术工具和平台，如分布式存储系统、分布式计算框架、机器学习算法、数据可视化工具等。本章从大数据工作流程的角度来介绍在实际的工作场景中会用到哪些大数据技术。

## 知识目标

- 了解大数据处理的基本工作流程以及常用的技术分类。
- 了解大数据采集技术的作用以及常见的采集工具。
- 了解大数据预处理技术的作用以及常见的预处理方法。
- 了解大数据存储技术的作用以及常见的存储类型。
- 了解大数据分析技术的作用以及常见的分析工具。

## 科普素养目标

- 通过了解大数据的基本工作流程，学会全面地看问题。
- 通过了解大数据采集技术，形成数据安全和信息安全的意识。
- 通过了解大数据存储技术，加强对信息资产概念的理解。
- 通过了解大数据预处理技术和分析技术，形成透过现象看本质的科学认识方法。

# 3.1 大数据采集技术

大数据具有数据来源复杂、数据量庞大、数据产生频繁等特性，这些特性给数据价值的挖掘带来了挑战。从不同的数据源收集数据，并将其存储到一个中心化的数据仓库中，为后续数据的分析提供有力的资源保障，这个过程通常称为"数据采集"，这是大数据分析的入口。下面介绍常见的数据来源，以及针对不同的数据来源所采用的数据采集技术。

## 3.1.1 大数据的来源类型

### 1. 根据场景划分

我们可以观察一下自己的日常生活：日常的网上冲浪行为带来的用户数据；玩网络游戏产生的玩家行为数据；浏览网页、微博产生的网络数据；每天查看天气情况时访问的科学气象数据；通过手机购物产生的交易数据，以及随之带来的银行数据；生病去医疗机构产生的医疗影像等医疗健康数据；在学校使用饭卡，出门使用公交卡所产生的传感器数据；访问学校内部系统查看成绩、课程信息的内部系统数据等，这些不同的数据，仅仅来自人们的日常生活。在其他一些专业领域中，例如工业生产、科学研究、物流交通会有更多更复杂的数据产生场景。

根据产生场景对这些数据来源进行分类，大致可分为互联网数据、物联网数据和信息系统数据，如图3-1所示。

图 3-1 大数据来源分类

（1）互联网数据

互联网是大数据最主要的来源之一，包括各种网站、社交媒体、电子商务平台、搜索引擎等。通过这些平台收集的数据包括用户行为、购物记录、评论、帖子、广告点击量等。

（2）物联网数据

物联网的兴起，使得越来越多的传感器被应用于各种领域，例如智能家居、智能交通、智能制造等。通过这些传感器收集到的数据包括温度、湿度、光线、压力、加速度等。

（3）信息系统数据

社会节点的信息化程度越来越高，企业、政府、学校都拥有与自己内部需求相吻合的信息系统，例如企业内部的采购系统、人力资源系统、财务系统等。这些系统都产生大量的数据。

2. 根据数据的表达结构划分

根据数据的表达结构，可将大数据分为结构化数据、半结构化数据和非结构化数据三类。

（1）结构化数据

结构化数据是指以清晰、固定的格式存储在数据库或类似系统中的数据。例如，传统的关系型数据库中存储的数据就是结构化数据。这类数据具有较高的规范性和可处理性，因此易于被处理和分析。

（2）半结构化数据

半结构化数据是介于结构化数据和非结构化数据之间的一种数据类型。它具有一定的结构，但不像结构化数据那样严格和固定。例如，XML、JSON 等数据就属于半结构化数据。这类数据相对结构化数据来说更加灵活，但也比非结构化数据更容易处理。

（3）非结构化数据

非结构化数据是指不具有明显结构和固定格式的数据，通常以文本、图像、音频和视频等形式存在。例如，社交媒体上的用户评论、照片和视频等都属于非结构化数据。这类数据规模庞大，难以处理和分析，但也蕴含了很多有价值的信息。

需要注意的是，以上三类数据并不是完全独立的，有些数据既有结构化的部分，又有非结构化的部分，因此在实际的数据采集中，需要根据具体情况采用不同的数据采集方法。

### 3.1.2 获取互联网的数据

一般利用网络爬虫技术或者通过开放数据接口的方式获取互联网的数据。

#### 1. 网络爬虫

网络爬虫技术是一种自动化浏览网络程序，其按照设置的规则，通过模拟人工点击来自动抓取互联网数据和信息，从而自动、高效地读取或收集互联网数据。该技术运行的基本原理和步骤包括以下几项内容。

（1）网络请求

首先根据搜索目的建立待爬行的 URL（统一资源定位器）队列，爬虫程序需要通过网络请求访问目标网站，才能获取网页内容和其他相关信息。通常使用 HTTP 或 HTTPS 进行网络请求，并使用一些常用的网络库或框架，例如 Requests、Scrapy 等。

（2）页面解析

获取网页内容之后，需要对网页进行解析，提取目标信息。页面解析通常使用 HTML 解析器或 XML 解析器，例如 Beautiful Soup、lxml、PyQuery 等。

（3）数据存储

爬虫程序需要将抓取到的数据进行存储，根据数据类型，存储到对应的关系型数据库或者非关系型数据库，例如 MySQL、MongoDB 等。

由于网络数据本身涉及了相关的知识产权的归属、隐私、网站运营和商业限制等问题。网站通常会采取适当措施，如运用 Robots 协议、爬虫检测、加固 Web 站点、设置验证码等限制爬虫的访问权限，以防止爬虫对数据进行过度抓取。所以这项技术在实际应用中，需要考虑其合法性边界。

---

**拓展阅读**

#### 数据爬虫的合法性边界

华东政法大学教授高富平认为，爬虫是支撑数据经济的一种手段，在这样的前提下，判断爬虫合法性边界可以参考以下因素：

一是数据是否属于开放数据。数据是否公开不是合法性判断的标准，是否为开放数据才是，公开数据不必然等同于开放数据。

二是取得数据的手段是否合法。爬虫采用的技术是否突破数据访问控制，法律上是否突破网站或 App 的 Robots 协议。

三是使用目的是否合法。如果爬虫的目的是实质性替代被爬虫经营者提供的部分产品内容或服务，则会被认为目的不合法。

四是是否造成损害。爬虫是否实质上妨碍被爬虫经营者的正常经营，是否不合理增加运营成本，是否破坏系统正常运行。

### 2.开放数据接口

除了使用爬虫主动性获取网络数据以外，很多互联网服务商都提供开放数据接口（API）。可以通过这些接口获取数据。这种方式相对于爬虫更为合法和稳定，因为API接口提供商能够控制数据的访问和使用权限。这些开放数据接口提供的数据可以用于数据分析、数据挖掘、机器学习等领域，帮助企业和开发者更好地进行业务决策和应用开发。

**注意** 使用这些开放数据接口时，需要遵守相应的服务协议和法律规定，不得进行未经授权的商业利用。

**案例**

#### 各平台 API 简介

新浪微博开放平台：开发者可以通过新浪微博开放平台提供的 API 获取微博用户的基本信息、微博内容、评论等数据。

高德地图开放平台：开发者可以通过高德地图开放平台提供的 API 获取地图、定位、公交、天气等数据，如图 3-2 所示。

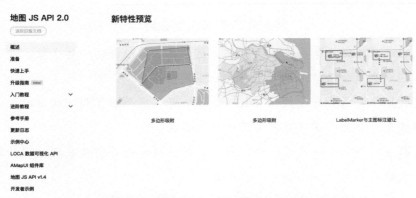

**图 3-2　高德地图 JS API 使用页面截图**

微信公众平台：开发者可以通过微信公众平台提供的 API 获取用户基本信息、微信文章、用户行为数据等数据。

百度云开放平台：开发者可以通过百度云开放平台提供的 API 获取云存储、人脸识别、图像处理等数据。

国家统计局开放数据平台：国家统计局提供了开放数据平台，开发者可以通过该平台获取我国的经济、社会等各个领域的数据。

### 3.1.3 获取物联网的数据

物联网（Internet of Things，IoT）是指将各种物理设备和物品通过互联网连接在一起，使他们能够相互交互、自动地进行数据采集、传输和处理的一种技术和应用体系。物联网的核心思想是通过智能传感器和计算设备，将传统的"物"和互联网有机地结合在一起，构建出一个"万物互联、信息无处不在"的新型智能网络，从而为人们提供更加便捷、高效、智能的服务。

在物联网的各种领域中，例如智能家居、工业自动化、医疗健康、汽车安全等，我们可以收集和监测环境和设备的状态信息，提供数据支持，实现自动化控制、智能化分析和决策等功能。物联网中的数据获取方式有两种，一种是通过传感器直接获取，另一种是通过物联网平台采集。

#### 1. 传感器采集数据

在物联网中，传感器是连接物理世界和数字世界的重要组成部分。它是一种能够将物理量（如温度、压力、湿度、光照强度等）转换为电信号或其他可处理的信号的器件，以满足信息的传输、处理、存储、显示、记录和控制等要求。

物联网设备通常搭载着各种类型的传感器，例如温度传感器、湿度传感器、气压传感器、加速度传感器等。通过这些传感器和嵌入式系统联动，采集各种物理量，例如温度、湿度、光照、压力等，然后通过无线或有线方式，将这些数据传输到物联网平台或其他数据处理系统中进行保存。华工高理出品的生活用温度传感器如图 3-3 所示。

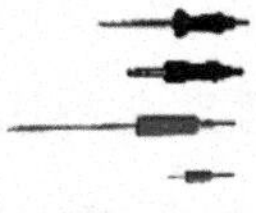

烤箱用温度传感器　　　空气炸锅/煎烤器用温度传感器　　　洗碗机、智能水龙头用温度传感器

图 3-3　华工高理出品的生活用温度传感器

采集到的各种物理量数据，通过大数据分析和人工智能等技术完成进一步的处理和分析，为人们提供更加准确、实时、智能化的服务。例如，在智能家居领域，物联网技术可以将家居设备、电器、照明等连接在一起，实现自动化控制和智能化调节，为人们提供更加舒适、节能、安全的家居体验。

2. 物联网平台采集数据

传感器的种类和产品品牌非常丰富，不同的传感器有不同的接入方式和传输路径。为了能够规整数据并统一数据出口，一般可以通过物联网网关获取设备的数据，并将数据传输到物联网平台，用户可以通过物联网平台提供的接口获取这些数据。这些平台还提供了许多工具和服务，例如数据可视化、数据分析、设备管理等。通过这些平台，用户可以方便地从多个设备中收集数据。

例如，阿里云物联网平台提供了完整的设备接入解决方案和大量的 API 接口，可以帮助用户快速获取设备上传的数据。物联网平台还可以通过数据分析、数据挖掘等技术对数据进行处理和分析，提取有价值的信息。

如图 3-4 所示，阿里云物联网平台为智慧城市提供了停车解决方案。

**AIoT数字场景解决方案**

汇聚顶尖技术，海量商业化验证，即买即用　　　　　　　　　　　　成为合作伙伴 ＞

智慧城市　　智能制造　　智慧园区　　智慧农业　　智慧商业　　智慧文旅　　设备智能

**城管综合执法**
"违章秒发现，通知温情报"。智能识别违章，先通知后处罚。

**道路停车方案**
提供"精准感知-无人值守-便捷支付-优质服务"的数字化转型服务。

**全域停车方案**
全域停车时空调度实现车辆、道路、车场、车位的最优适配和精准调度。

**知位停车**
轻设备、重云端的轻量化无人值守停车场服务方案。

图 3-4　阿里云物联网平台智慧城市停车解决方案

### 3.1.4 获取信息系统数据

不同的工作场景中需要使用不同的信息系统，例如 ERP 企业流程管理系统、CRM 客户关系管理系统、OA 协同办公系统等。企业或其他机构通常会使用传统的关系型数据库 MySQL 和 Oracle，以及非关系型数据库，如 Redis 和 MongoDB，用于系统数据的存储。

时刻产生的业务数据会以各种数据格式保存到不同的数据库中。这些数据可以通过授权直接访问数据库或者通过 API 接口获取。但是如果需要把分散在企业不同位置的业务系统的数据进行采集整理，就需要用到 ETL 工具，将不同数据源的大量原始数据通过提取（extract）、转换（transform）、加载（load）到目标存储数据仓库，如图 3-5 所示。常见的 ETL 工具有开源的 Kettle，Gobblin，还有商业化的 Informatica Power Center 等。

图 3-5　ETL 工作流程

在这些信息系统中不仅有业务数据，还有大量的日志数据，同样有专业的日志信息采集工具可以获取这些数据，例如 Hadoop 的 Chukwa，Cloudera 的 Plumelog，Facebook 的 Scribe 等。

# 3.2　大数据预处理技术

### 3.2.1　数据的混杂情况

数据采集得到的海量原始数据存在着很多混杂情况。下面以销售数据为例，介绍常见的数据混杂情况。

1. 数据格式

原始数据来自不同的数据源，包括不同的数据库、文件、API 接口等，每种数据源的数据格式、数据结构或者数据命名规则都可能不同，从而导致数据格式不一致。例如：销售日期有的用"/"分割，有的用"-"分割。

2. 数据精度

不同的业务数据在进行计算保存时，对数据精度的要求不一样，会出现数据有些

保留到小数点后两位，有些保留到小数点后三位的这种情况。

3. 数据异常

原始数据中可能存在数据缺失、错误、重复等异常情况。比如，有些销售记录没有填写客户信息；一些销售金额异常高或异常低；同一个销售记录被重复录入等各类情况。

对于这些混杂情况，需要进行数据预处理，将原始数据进行清洗、去重、填充、转换、归一化等操作，以便于后续的数据分析和建模工作。

进行大数据的预处理可以提高数据的质量和可用性，减少数据分析的误差和不确定性。面对大量的非结构化和半结构化数据，通过预处理操作，可以保证数据的一致性和准确性。另外，大数据的处理和分析需要大量的计算和存储资源，进行预处理可以在一定程度上减少数据规模，提高处理效率，节省存储空间。

### 3.2.2 数据预处理标准

面对各种数据混杂的情况，首先要遵循数据当中的业务逻辑和业务指标，不得人为异动数据。

数据预处理标准一般包括以下几个方面。

（1）数据清洗

清洗数据是数据预处理的基本步骤之一。它包括删除缺失数据、重复数据、异常值、错误值和不一致值等，以提高数据的准确性和一致性。

（2）数据集成

数据集成是将来自不同数据源的数据集成为一个统一的数据集的过程。数据集成应该确保数据的一致性和完整性，并避免数据冗余和歧义。

（3）数据变换

数据变换是将数据从一个格式或结构转换为另一个格式或结构的过程，以适应数据分析的需要。例如，可以对数据进行缩放、规范化、离散化、平滑化和归一化等处理。

（4）数据规约

数据规约是指确定数据集的相关属性、分类和维度，以及如何表示数据的意义和关系。它可以确保数据的一致性和可理解性。

（5）数据降维

数据降维是通过选择有用的数据属性和特征来减少数据集的维度，以便于分析和处理。例如，可以使用主成分分析（Principal Component Analysis，PCA）等方法进行数据降维。

（6）数据平滑

数据平滑是指将不平滑的数据转换为平滑的数据，以便于后续的分析和建模。例如，可以使用滑动平均法、指数平滑法等方法进行数据平滑处理。

（7）数据归一化

数据归一化是将不同规模的数据映射到相同的规模下，以消除度量单位的影响。例如，可以使用最小 – 最大规范化和 Z 分数（Z-score）规范化等方法进行数据归一化处理。

（8）数据聚合

数据聚合是将原始数据转换为更高层次的总结数据的过程。例如，可以使用平均值、中位数、总和等方法进行数据聚合处理。

### 3.2.3 数据预处理技术

数据预处理工具遵循数据预处理标准，对混杂数据进行清洗、转换和继承工作，使用数据规范和标准化方法统一数据格式和结构，使用数据质量评估工具检测数据质量，保证处理后的数据标准化，更有利于后续的数据分析和信息挖掘。

上文提到的 ETL 工具就是一种常用的数据预处理技术的集合。除了 ETL 工具以外，还可以选择以下计算机语言适配的数据处理模块和框架实现数据预处理。

（1）Python

因其易学易用、丰富的数据处理库和强大的可视化能力而被广泛应用于数据处理领域，如 pandas、NumPy、SciPy 等。

（2）R 语言

专门用于统计分析的编程语言，拥有众多的统计分析包，常用于数据挖掘、机器学习和大数据分析等领域。

（3）SQL

一种结构化查询语言，用于管理和处理关系型数据库中的数据，广泛应用于企业和组织中的数据管理和处理。

（4）Java

一种广泛应用的编程语言，其大型生态系统中包括许多用于数据处理和分析的库和框架，可编写 MapReduce 程序实现数据的预处理、清洗、过滤等操作。MapReduce 是 Hadoop 的基本数据处理框架，在此框架中，Map 任务将原始数据分割成若干个小数据块进行处理，Reduce 任务将 Map 产生的结果合并输出。

（5）Scala

一种在 JVM 上运行的高级编程语言，结合了面向对象和函数式编程的特性，可编写 Spark 程序，实现数据预处理和分析。Spark 是 Hadoop 生态圈中的一个通用的分布式计算引擎，它提供了用于数据清洗的 API 和库，如 DataFrame 和 SQL API。

## 3.3 大数据存储技术

随着计算机技术的发展，数据的存储方式也从最早的磁带、卡片存储，转变成存储容量更大、读写速度更快的磁盘存储。随着互联网的发展和普及，不受物理和地理约束的云存储方式又成为数据存储的主流方式。

但是无论是磁盘存储还是云储存，都只解决了存储介质的问题。数据应该以什么样的方式和结构保存在这些存储介质上，才能更有效地实现数据查询、分析等数据处理的需求呢？这就需要"数据库"来帮助解决。不同的数据类型有不同的存储和分析需求。目前常见的数据库类型包括：关系型数据库、非关系型数据库和分布式数据库三种，基本可以解决所有数据类型的存储需求。

接下来将从存储结构、常见品牌和应用场景三个方面，分别介绍这三类数据库的特性。

### 3.3.1 关系型数据库

#### 1. 存储结构

关系型数据库是建立在关系模型基础上的数据库。关系模型由被誉为"关系型数据库之父"埃德加·科德于 1970 年首先提出。关系模型可以简单理解为二维表格模型，用行和列的形式存储数据，每个行代表一条数据记录，每个列代表一种数据类型。这些行和列就组合成了一张表，多张表就组成了数据库。一个关系型数据库就是由这些二维表及其之间的关系组成的一个数据组织。

/ 案 例

**客户信息数据库**

我们有一个包含客户信息的数据库，在该数据库中有客户信息表和订单明细表两张表，其中客户信息表取名为"Customers"，该表格包含以下字段：CustomerID（客户编号）、Name（客户姓名）、Address（客户地址）、Phone（客户电话）。其中，客户编号是唯一标识符，用于标识每个客户记录，即不可重复，其余表信息见表 3-1。

表 3-1　客户信息表 Customers

| CustomerID | Name | Address | Phone |
| --- | --- | --- | --- |
| 1 | 张三 | 北京市海淀区 | 133-1234-5678 |
| 2 | 李四 | 上海市徐汇区 | 135-5678-9012 |
| 3 | 王五 | 广州市天河区 | 139-2345-6789 |

另外一张表用来记录每个客户的订单信息，取名为订单明细表"Orders"，该表格包含以下字段：OrderID（订单编号）、CustomerID（客户编号）、OrderDate（订单日期）、OrderTotal（订单金额）。其中，OrderID 是唯一标识符，用于标识每个订单记录，其余表信息见表 3-2。

表 3-2　订单明细表 Orders

| OrderID | CustomerID | OrderDate | OrderTotal |
| --- | --- | --- | --- |
| 1001 | 1 | 2022-01-01 | 50.00 |
| 1002 | 2 | 2022-01-02 | 100.00 |
| 1003 | 3 | 2022-01-03 | 75.00 |

客户信息表和订单明细表就是由共同的字段 CustomerID 来建立关系的。字段 CustomerID 对于客户表来说被定义成主键，因为它是可以用来区分客户信息表的唯一记录，而在订单明细表中是一个外键，因为订单明细表是通过主键 OrderID 来唯一区分记录的。如图 3-6 所示。

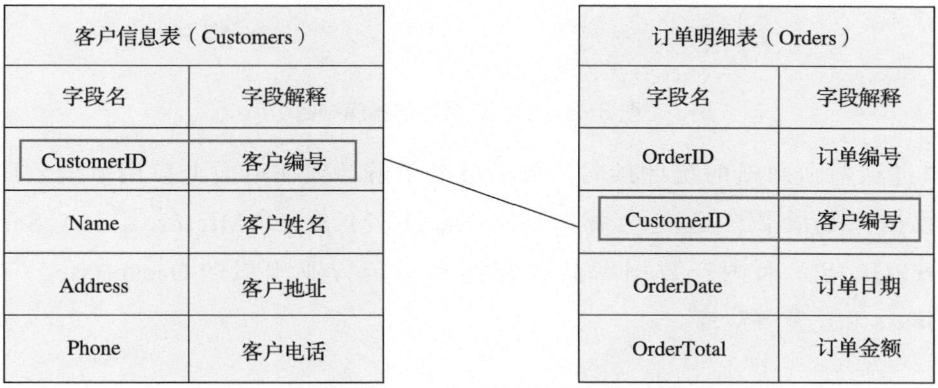

图 3-6　客户表和订单表的关系

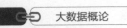 大数据概论

关系型数据库就是通过主键和外键把多个表建立联系，同时还有适用于关系型数据库的经典 SQL 语言，专门用于各类数据表之间的查询和检索。通过这些关系和查询语句，我们可以轻松地管理和检索庞大数据。

2. 常见品牌

关系型数据库的厂商非常多，DB-Engines<sup>⊖</sup>网站通过综合考虑多种指标，包括搜索引擎排名、技术社区活跃度、厂商支持度、安装量、流行度等，为多种数据库管理系统进行比较、排名。我们可以从这个网站了解不同数据库系统的发展趋势、特点和优劣势。

例如，我们可以查询关系型数据库的排名情况，如图 3-7 所示。

| Rank May 2023 | Apr 2023 | May 2022 | DBMS | Database Model | Score May 2023 | Apr 2023 | May 2022 |
|---|---|---|---|---|---|---|---|
| 1. | 1. | 1. | Oracle | Relational, Multi-model | 1232.64 | +4.36 | -30.18 |
| 2. | 2. | 2. | MySQL | Relational, Multi-model | 1172.46 | +14.68 | -29.64 |
| 3. | 3. | 3. | Microsoft SQL Server | Relational, Multi-model | 920.09 | +1.57 | -21.11 |
| 4. | 4. | 4. | PostgreSQL | Relational, Multi-model | 617.90 | +9.49 | +2.61 |
| 5. | 5. | 5. | IBM Db2 | Relational, Multi-model | 143.02 | -2.48 | -17.31 |
| 6. | 6. | ↑7. | SQLite | Relational | 133.86 | -0.68 | -0.87 |

图 3-7　全球关系型数据库排名

随着国内科技的迅速发展，国产数据库的势头也非常强劲。墨天轮网站专注中国 IT 行业，其中一个板块"国产数据库流行度排行"，提供了国产数据库的排名和介绍。图 3-8 展示了国产关系型数据库的排名情况。

| 排行 | 上月 | 半年前 | 名称 | 模型 | 属性 | 三方评测 | 生态 | 专利 | 论文 | 得分 |
|---|---|---|---|---|---|---|---|---|---|---|
| 🏆 | 1 | ↑ 2 | OceanBase + | 关系型 | | | | 151 | 19 | 691.15 |
| 🏆 | 2 | ↓ 1 | TiDB + | 关系型 | | | | 26 | 44 | 654.13 |
| 🏆 | ↑ 4 | ↑ 4 | openGauss + | 关系型 | | | | 562 | 65 | 574.22 |
| 4 | ↓ 3 | ↓ 3 | 达梦 + | 关系型 | | | | 361 | 0 | 492.92 |
| 5 | 5 | ↑↑ 7 | 人大金仓 + | 关系型 | | | | 232 | 0 | 449.32 |
| 6 | ↑ 7 | ↓ 5 | GaussDB + | 关系型 | | | | 562 | 65 | 441.45 |

图 3-8　国产关系型数据库排名

通过这两个网站的统计排名，我们可以了解，现在市面上应用范围较广的关系型数据库品牌依然还是老牌厂商：Oracle、MySQL、Microsoft SQL Server、PostgreSQL 等。而国产数据库品牌有拥有一定行业积累的 OceanBase、TiDB、openGauss 和达梦等厂商。

---

⊖ DB-Engines 网站为开发人员和决策者提供有关已知数据库管理系统（DBMS）的知识，它将全球各种数据库进行排名和比较，从而为用户选择 DBMS 提供帮助。

### 3. 应用场景

关系型数据库的应用场景和业务领域都非常广泛，具体举例如下。

（1）Oracle Database

作为市场份额最大的关系型数据库，Oracle 以其高度可靠性、可扩展性和丰富的企业级功能而闻名。然而，Oracle 的许可费用较高，可能不适合预算有限的企业。例如在金融领域，中国银行将 Oracle 作为其主要的关系型数据，支持银行的核心业务系统，包括账户管理、交易管理等。

（2）Microsoft SQL Server

这是一款功能丰富的关系型数据库，广泛应用于 Windows 环境。它提供了良好的性能、安全性和易用性，适用于不同规模的企业。不过，SQL Server 在跨平台支持方面较弱。

（3）MySQL

作为一款开源关系型数据库，MySQL 因其免费、易用、性能高而受到广泛欢迎。然而，MySQL 在大数据环境下可能面临性能瓶颈，且企业级功能相对较少。例如，腾讯使用 MySQL 作为其主要的关系型数据库，支持腾讯 QQ、微信等大型社交网络平台的用户管理、消息管理、游戏数据存储等。

## 3.3.2 非关系型数据库

### 1. 存储结构

传统关系型数据库在处理海量数据时存在着性能瓶颈、扩展性差等问题，难以满足需求。这时就诞生了一种新的数据库类型——非关系型数据库。之所以叫非关系型，是为了能在描述上，直白地体现出与传统关系型数据库的区别。

相对于关系型数据库而言，非关系型数据库更加灵活、可扩展性更强，能有效解决传统关系型数据库在处理大规模和高并发数据时遇到的问题，适用于大型分布式系统和数据密集型应用场景。

非关系型数据库的主要特性是不使用关系模型，不遵循关系型数据库的表结构存储方式。非关系型数据库使用经过优化的存储模型，符合所存储数据类型的具体要求，比如键值对、文档、图形等，用于存储和处理非结构化数据和大规模数据。

非结构化数据是指没有固定格式或结构的数据，通常不适合传统的关系型数据库管理系统。这种类型的数据通常不包含预定义的数据模式或格式，因此它们不能按照传统的关系型数据库模型进行存储、访问或处理。

非关系型数据库根据数据存储结构的不同，也分为不同的类别，以下介绍常见的非关系型数据的存储方式。

（1）文档存储

文档型数据库将数据存储为文档的形式。每个文档都是独立的，可以包含不同类型的数据。这些数据可以通过多种文本数据格式进行编码保存，例如 XML、YAML、JSON、BSON 等文本格式。它的优点是能够存储复杂的数据结构和嵌套文档，适用于存储半结构化和非结构化的数据。

下面以最常见的 JSON 文档格式为例，介绍文档存储的特点。

如图 3-9 所示，该文档包含了一个 "_id" 字段和四个普通字段 "name" 姓名，"age" 年龄，"address" 地址，"hobbies" 爱好。其中 "address" 是一个嵌套的子文档，"hobbies" 是一个数组。每个字段都有对应的值。其中，"_id" 字段的值为 ObjectId（"60a2e1cbbdb6e3d6f4c4d4b4"），表示该文档的唯一标识符，每个文档都有一个唯一的 ID（_id）字段作为主键来区分文档内容。查询数据时，可以根据文档中的键（字段名）进行查找。

```
{
    "_id": ObjectId("60a2e1cbbdb6e3d6f4c4d4b4"),
    "name": "小明",
    "age": 20,
    "address": {
        "province": "广东省",
        "city": "深圳市",
        "district": "南山区"
    },
    "hobbies": ["游泳", "篮球", "旅游"]
}
```

图 3-9　文档存储结构示例

同样多个文档也可被组织成文档集合。一个集合类似于关系型数据库中的表，不同的文档可以拥有不同的字段和字段类型，并且不要求所有文档都具有相同的结构。这种自由格式的方法为数据存储提供了很大的灵活性，还能处理大量复杂数据。

（2）键值存储

键值型数据库以键值对作为基本单位进行存储，每个键值对都有一个唯一的键和对应的值，通常采用哈希表⊖的方式存储和管理数据，其中哈希表的键（Key）用来查找数据，值（Value）则用来存储数据。如图 3-10 所示，此数据用于存储用户的个

⊖　哈希表也叫散列表，是根据关键码值（Key Value）而直接进行访问的数据结构。

人信息。其中每个键值对表示一个用户的信息，Key（键）为用户的唯一 ID，Value（值）为一个包含 name（用户名）、age（年龄）、email（电子邮件地址）信息的 JSON 对象。

```
Key: "user_001"
Value: {
  "name": "Alice",
  "age": 27,
  "email": "alice@example.com"
}

Key: "user_002"
Value: {
  "name": "Bob",
  "age": 32,
  "email": "bob@example.com"
}
```

图 3-10　键值存储结构示例

以这种存储方式存储数据，可以快速地通过键查找值，并且增加新的键值对。因此键值对数据库的读取速度快，可伸缩性高，可在多节点之间分配数据，但不适合需要跨不同的键 / 值表来查询数据（例如，需要跨多个表来连接数据）；同时，某些键值对数据库不支持复杂的数据类型，例如，嵌套数组和嵌套对象等。

（3）列式存储

列式数据库的存储结构通常以列为单位进行存储，每一列对应着一个数组或者列表。例如，在关系型数据库中，一般的成绩表的存储结构如表 3-3 所示，所采用的是行存储的方法，每一行就是一行记录。

表 3-3　行存储结构示例

| 姓名 | 年龄 | 性别 | 语文 | 数学 | 英语 |
|---|---|---|---|---|---|
| 小明 | 12 | 男 | 90 | 95 | 87 |
| 小红 | 13 | 女 | 86 | 92 | 90 |
| 小华 | 14 | 男 | 92 | 87 | 95 |

在列式存储数据库中，我们将每一列的数据单独存储，例如，将"姓名"这一列的数据单独存储，将"年龄"这一列的数据单独存储，以此类推。对于上述学生成绩表，列式存储数据库的存储结构如表 3-4 所示。

表3-4　列式存储结构示例

| 列名 | 值 |
|------|-----|
| 姓名 | ［"小明"，"小红"，"小华"］ |
| 年龄 | ［12，13，14］ |
| 性别 | ［"男"，"女"，"男"］ |
| 语文 | ［90，86，92］ |
| 数学 | ［95，92，87］ |
| 英语 | ［87，90，95］ |

通过上述结构对比，我们可以看出，列式存储的每一列的数据都是同类型的，所以在进行聚合计算等操作时，可以获得更高的性能；而且任意扩展多个列，扩展性强。但是由于每一行数据都需要跨列获取，在查询单条记录时，性能不如行式存储数据库；同时如果需要写入或者更新一条记录，会涉及多个列的操作，效率较低。

（4）图形存储

图形存储数据库是指使用图形结构来存储数据的数据库，其核心思想是将数据表示为图形中的节点和边，节点表示实体<sup>⊖</sup>，边表示节点之间的关系。节点和边都可以拥有属性，属性是用来描述实体和关系的特征的。

以下是一个商品销售数据库的数据关系，用图形存储结构进行数据存储，具体内容参看表3-5示例。此数据库中共有3个实体，用户、商品和订单；在表3-6中，展示了这3个实体之间的两种关系，也就是边的内容。

表3-5　图形存储结构节点示例

| 节点类型 | 节点ID | 属性1 | 属性2 | … |
|---------|--------|-------|-------|---|
| 用户 | 001 | 姓名：张三 | 年龄：25 | … |
| 商品 | 002 | 名称：苹果手机 | 型号：iPhone12 | … |
| 订单 | 003 | 订单号：20220510 | 下单时间：2022-05-10 10：00：00 | … |

表3-6　图形存储结构边示例

| 边类型 | 边ID | 起始节点ID | 结束节点ID | 属性1 | 属性2 | … |
|--------|------|-----------|-----------|-------|-------|---|
| 购买 | 001 | 001 | 002 | 购买时间：2022-05-10 10：00：00 | … | |
| 包含 | 002 | 003 | 002 | 购买数量：1 | … | |

---

⊖　实体是指现实世界中客观存在的并可以相互区分的对象或事物。就数据库而言，实体往往指某类事物的集合。可以是具体的人、事物，也可以是抽象的概念、联系。

在这个示例中，我们可以看到节点和边分别表示实体和关系，而属性则用来描述实体和关系的特征。比如，节点中的"用户""商品""订单"分别表示不同的实体，而边中的"购买""包含"则表示不同的关系。同时，每个节点和边都可以拥有不同的属性，用来描述它们的特征。

我们将这种数据关系转换成图 3-11 所示的整体结构示例，可以非常直观地了解到三个实体之间的关系，做出快速分析。

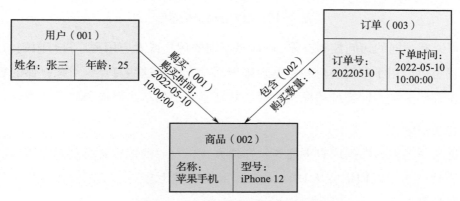

图 3-11　图形存储结构整体示例

所以，相比于传统的关系型数据库，图形数据库的优势在于能够更好地存储和处理具有复杂关系的数据，并提供一种可用于高效遍历关系网络的查询语言，快速地实现复杂的分析。比如，在社交网络中，图形数据库可以很好地存储和处理用户之间的关注、点赞、评论等关系；在推荐系统中，图形数据库可以很好地存储和处理用户的行为、商品的属性等信息。

（5）对象存储

对象存储数据库用于存储和管理大规模非结构化数据。与传统的关系型数据库不同，对象存储使用"对象"来存储数据，而不是使用表格或者行。

对象是由数据、元数据和唯一的标识符组成的，每个对象都有一个唯一的标识符，通常是一个 URL 或者 UUID<sup>⊖</sup>。这种存储方式不需要像传统的关系型数据库那样进行结构化建模，因此可以存储任意类型的数据，包括文本、图像、音频、视频等多媒体数据。如图 3-12 所示，对象都存储在一个叫作桶（bucket）的逻辑容器中，一般用于存储一组相关的对象。桶可以被看作是一个文件夹，可以用来组织和管理存储在对象存储系统中的对象。

---

　⊖　UUID 是一种软件建构的标准，是一个 128 比特的数值，用于在空间和时间里识别类型的辨识信息。

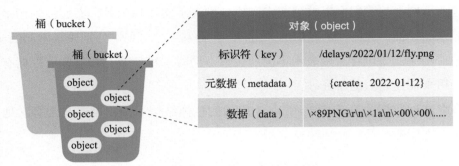

图 3-12　对象存储结构示例

桶可以有不同的访问控制权限,可以对不同的用户或者应用程序进行限制和控制。同时,桶也可以用于数据备份和数据迁移等用途。由于这些特点,对象存储的数据库可以轻松存储多种不同类型的海量数据,并且适应于分布式架构和并行处理。

2. 常见品牌

常见的非关系型数据库有上述 5 种存储方式,对应的也有各类品牌在不同的存储方式里表现优秀。我们依然从 DB-engines 和墨天轮上分别了解国内和国外排名较高的非关系型数据库。

(1)文档存储

常见品牌有 MongoDB、Amazon DynamoDB 等,如图 3-13 所示。

| Rank | | | DBMS | Database Model | Score | | |
|------|------|------|------|----------------|-------|------|------|
| May 2023 | Apr 2023 | May 2022 | | | May 2023 | Apr 2023 | May 2022 |
| 1. | 1. | 1. | MongoDB ➕ | Document, Multi-model 🛈 | 436.61 | -5.29 | -41.63 |
| 2. | 2. | 2. | Amazon DynamoDB ➕ | Multi-model 🛈 | 81.11 | +3.66 | -3.35 |
| 3. | 3. | 3. | Databricks | Multi-model 🛈 | 63.94 | +2.98 | +16.09 |

图 3-13　2023 年 DB-engines 排名前 3 的文档存储数据库品牌

(2)键值存储

常见品牌有 Redis、Amazon DynamoDB 等,如图 3-14 所示。在国内较为流行的品牌有 TcaplusDB 等,如图 3-15 所示。

| Rank | | | DBMS | Database Model | Score | | |
|------|------|------|------|----------------|-------|------|------|
| May 2023 | Apr 2023 | May 2022 | | | May 2023 | Apr 2023 | May 2022 |
| 1. | 1. | 1. | Redis ➕ | Key-value, Multi-model 🛈 | 168.13 | -5.42 | -10.89 |
| 2. | 2. | 2. | Amazon DynamoDB ➕ | Multi-model 🛈 | 81.11 | +3.66 | -3.35 |
| 3. | 3. | 3. | Microsoft Azure Cosmos DB ➕ | Multi-model 🛈 | 35.99 | +0.92 | -4.22 |

图 3-14　2023 年 DB-engines 排名前 3 的键值存储数据库品牌

| 排行 | 上月 | 半年前 | 名称 | 模型 | 属性 | 三方评测 | 生态 | 专利 | 论文 | 得分 |
|---|---|---|---|---|---|---|---|---|---|---|
| 🏆 | 1 | 1 | TcaplusDB + | 键值 | | | | 22 | 3 | 36.12 |
| 🏆 | ↑↑↑ 5 | ↑↑ 4 | KeeWiDB + | 键值 | | - | - | 0 | 0 | 4.98 |
| 🏆 | ↓ 2 | ↓ 2 | Abase + | 键值 | | - | - | 0 | 0 | 4.69 |

图 3-15　2023 年墨天轮排名前 3 的键值存储数据库品牌

### （3）列式存储

常见品牌有 Cassandra、HBase 等，如图 3-16 所示。国内较为流行的品牌有 CloudTable 等，如图 3-17 所示。

| Rank | | | DBMS | Database Model | Score | | |
|---|---|---|---|---|---|---|---|
| May 2023 | Apr 2023 | May 2022 | | | May 2023 | Apr 2023 | May 2022 |
| 1. | 1. | 1. | Cassandra + | Wide column | 111.14 | -0.67 | -6.88 |
| 2. | 2. | 2. | HBase | Wide column | 38.59 | +0.80 | -4.60 |
| 3. | 3. | 3. | Microsoft Azure Cosmos DB + | Multi-model | 35.99 | +0.92 | -4.22 |

图 3-16　2023 年 DB-engines 排名前 3 的列式存储数据库品牌

| 排行 | 上月 | 半年前 | 名称 | 模型 | 属性 | 三方评测 | 生态 | 专利 | 论文 | 得分 |
|---|---|---|---|---|---|---|---|---|---|---|
| 🏆 | 1 | 1 | CloudTable + | 列族 | | | - | 0 | 0 | 20.44 |
| 🏆 | 2 | 2 | Hyperbase + | 列族 | | - | - | 0 | 0 | 11.62 |
| 🏆 | 3 | 3 | IBASE + | 列族 | - | - | - | 0 | 0 | 0.28 |

图 3-17　2023 年墨天轮排名前 3 的列式存储数据库品牌

### （4）图形存储

常见品牌有 Neo4j、Microsoft Azure Cosmos DB 等，如图 3-18 所示。国内较为流行的品牌有 Alibaba GDB 等，如图 3-19 所示。

| Rank | | | DBMS | Database Model | Score | | |
|---|---|---|---|---|---|---|---|
| May 2023 | Apr 2023 | May 2022 | | | May 2023 | Apr 2023 | May 2022 |
| 1. | 1. | 1. | Neo4j + | Graph | 51.10 | -0.50 | -9.04 |
| 2. | 2. | 2. | Microsoft Azure Cosmos DB + | Multi-model | 35.99 | +0.92 | -4.22 |
| 3. | 3. | 3. | Virtuoso + | Multi-model | 5.57 | -0.67 | -0.44 |

图 3-18　2023 年 DB-engines 排名前 3 的图形存储数据库品牌

| 排行 | 上月 | 半年前 | 名称 | 模型 | 属性 | 三方评测 | 生态 | 专利 | 论文 | 得分 |
|---|---|---|---|---|---|---|---|---|---|---|
| 🏆 | 1 | ↑↑↑ 4 | Alibaba GDB + | 图 | | | - | 0 | 0 | 35.10 |
| 🏆 | 2 | ↑ 3 | gStore + | 图 | | | - | 9 | 10 | 30.09 |
| 🏆 | 3 | ↓ 2 | StellarDB + | 图 | | | - | 0 | 0 | 29.22 |

图 3-19　2023 年墨天轮排名前 3 的图形存储数据库品牌

（5）对象存储

常见品牌有 InterSystems IRIS 等，如图 3-20 所示。

| Rank | | | DBMS | Database Model | Score | | |
|------|------|------|------|----------------|-------|------|------|
| May 2023 | Apr 2023 | May 2022 | | | May 2023 | Apr 2023 | May 2022 |
| 1. | 1. | ↑2. | InterSystems IRIS | Multi-model 🛈 | 3.29 | +0.10 | +1.05 |
| 2. | 2. | ↓1. | InterSystems Caché | Multi-model 🛈 | 3.21 | +0.02 | +0.21 |
| 3. | 3. | 3. | Db4o | Object oriented | 2.34 | +0.30 | +0.72 |

图 3-20　2023 年 DB-engines 排名前 3 的对象存储数据库品牌

通过这些第三方的评测机构，我们可以了解到国产数据库虽然在数量和类型上与国外数据库还有一定的差距，但是从数据的分类来看，国产数据库在专注的分布式数据库上发展迅速。

3. 应用场景

不同存储支持的数据库在不同的应用场景下也不相同。例如，Redis 被广泛用于缓存和会话存储，MongoDB 被广泛用于 Web 应用程序，HBase 被广泛用于实时分析，Neo4j 被广泛用于社交网络分析等。其实有很多数据库能支持多存储方式（多模型），并且不同的存储方式各有优缺点，需要根据具体的应用需求来选择最合适的存储方式。以下根据不同的数据库存储模型，分别介绍常见的应用场景。

（1）键值存储

Redis 被广泛应用于缓存、会话存储、队列等场景，如 Twitter、Github、Stack Overflow、Pinterest 等网站都在使用 Redis。

Riak 被广泛应用于实时数据分析、存储、备份和恢复等场景，如雅虎、AT&T、eBay 等企业都在使用 Riak。

（2）文档存储

MongoDB 可以灵活地变更数据结构的应用，如内容管理系统、日志分析平台等；适应大规模的数据存储和高并发读写需求，如社交媒体平台、物联网设备数据管理等；还可以进行复杂的文本搜索、地理空间索引、数据聚合和处理的应用，如电商平台、新闻门户等。

CouchDB 被广泛应用于文档管理、移动应用程序等场景，如 Adobe、Meebo 等公司都在使用 CouchDB。

（3）列式存储

HBase 适用于需要处理海量数据、低延迟读写、高并发读写、数据分析和挖掘以及实时计算和流处理等场景，可以根据实际需求选择合适的使用场景。例如中国的淘宝、百度、网易等均采用 HBase 进行数据管理和存储。

Cassandra 非常适合时序数据的存储，比如 IOT 数据（传感器数据）、用户活动数据（浏览记录、操作事件、观看进度、交易记录等）。因为 Cassandra 可以根据数据的增长快速地做线性扩容，同时极佳的写入性能可以满足每秒百万级别的写入。例如，Netflix 作为全球最大的流媒体提供商是 Cassandra 的重度用户，也是 Apache Cassandra 的核心贡献厂商。Netflix 在全球范围内部署了上万个 Cassandra 节点，存储数据多达数十 PB。

（4）图形存储

Neo4j 可以应用于任何领域，但最能体现 Neo4j 优势的地方在于其在处理关联数据上的强大能力，包括 ebay 电子商务、沃尔玛内部管理、阿迪达斯购物网站等企业都选择了 Neo4j。

ArangoDB 被广泛应用于多模型数据库、图形数据库等场景，如 T–Mobile、EMBL 等公司都在使用 ArangoDB。

（5）对象存储

Amazon S3 是亚马逊 AWS 提供的一种对象存储服务，被广泛应用于云环境和大规模数据存储，具有高可靠性、持久性和可扩展性，通过多个数据中心和多个副本实现数据的备份和冗余存储，确保数据的高可用性和容错性。Dropbox、Pinterest、Netflix 等公司都在使用 Amazon S3。

Azure Blob Storage 被广泛应用于云存储、备份恢复、静态网站托管等场景，eBay、GE Healthcare 等公司都在使用 Azure Blob Storage。

### 3.3.3　分布式数据库

1. 存储结构

如何在多个物理存储单元上实现大数据存储和分析？分布式数据库的诞生就是为了解决这个棘手的问题。分布式数据库系统通常通过将数据分割成多个部分并在多个节点⊖上进行存储和处理来实现高扩展性和可用性。如图 3–21 所示，我们可以看到一个基本的三节点数据库集群，其中每个节点都是独立的服务器，并且可以执行特定的数据操作。负载均衡器则用于将客户端请求路由到适当的节点，以便实现负载均衡和高可用性。

分布式数据库的每个节点都拥有自己的存储和计算资源，这种设计模式在解决了

---

⊖　节点是分布在一个或多个地理位置上的物理服务器，也可以是虚拟机或容器。

传统单点故障、性能瓶颈等问题的同时，还保证了数据的一致性和可靠性，并提供了很高的性能和可伸缩性。

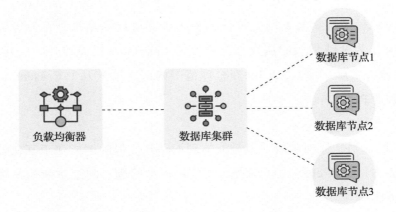

图 3-21　分布式数据库结构示意图

### 2. 常见品牌

分布式数据库的很多产品品牌与非关系型数据库一致，这两种数据库的定义并非相互排斥，而是可以相互融合的。例如，常见的非关系型数据库都是基于分布式架构设计的，比如 HBase、Cassandra、MongoDB、Redis 等。这是因为非关系型数据库强调的是数据模型的灵活性，可以支持非结构化、半结构化和结构化的数据，例如文档、图形、键值对等，旨在处理大量复杂的数据，提高系统的可伸缩性和性能。而这一设计初衷就非常符合分布式架构的理念。

国产的分布式数据库也是百花齐放，图 3-22 展示了墨天轮网站前 10 的国产数据库排名。

| 排行 | 上月 | 半年前 | 名称 | 模型 | 属性 | 三方评测 | 生态 | 专利 | 论文 | 得分 |
|---|---|---|---|---|---|---|---|---|---|---|
| 🏆1 | 1 | ↑ 2 | OceanBase + | 关系型 | | | | 151 | 19 | 691.15 |
| 🏆2 | 2 | ↓ 1 | TiDB + | 关系型 | | | | 26 | 44 | 654.13 |
| 🏆3 | ↑ 4 | ↑ 4 | openGauss + | 关系型 | | | | 562 | 65 | 574.22 |
| 4 | ↓ 3 | ↓ 3 | 达梦 + | 关系型 | | | | 381 | 0 | 492.92 |
| 5 | 5 | ↑↑ 7 | 人大金仓 + | 关系型 | | | | 232 | 0 | 449.32 |
| 6 | ↑ 7 | ↓ 5 | GaussDB + | 关系型 | | | | 562 | 65 | 441.45 |
| 7 | ↓ 6 | ↓ 6 | PolarDB + | 关系型 | | | | 512 | 26 | 389.66 |
| 8 | 8 | ↑ 9 | TDSQL + | 关系型 | | | | 39 | 10 | 307.26 |
| 9 | 9 | ↓ 8 | GBase + | 关系型 | | | | 152 | 0 | 279.00 |
| 10 | 10 | 10 | AnalyticDB + | 关系型 | | | | 480 | 28 | 185.84 |

图 3-22　2023 年墨天轮排名前 10 的数据库品牌

以下是对排名前 3 的国产分布式数据库的简单介绍，希望大家能够进一步了解国产信息化产品。

（1）OceanBase

这是由蚂蚁集团完全自主研发的企业级分布式关系数据库，基于分布式架构和通用服务器、实现了金融级可靠性及数据一致性，拥有 100% 的知识产权，始创于 2010 年。OceanBase 具有数据强一致、高可用、高性能、在线扩展、高度兼容 SQL 标准和主流关系数据库、低成本等特点。OceanBase 的官网界面截图如图 3-23 所示。

图 3-23　OceanBase 的官网界面截图

（2）TiDB

这是 PingCAP 公司自主设计、研发的开源分布式关系型数据库，是一款同时支持在线事务处理与在线分析处理（Hybrid Transactional and Analytical Processing，HTAP）的融合型分布式数据库产品，具备水平扩容或者缩容、金融级高可用、实时 HTAP、云原生的分布式数据库、兼容 MySQL 5.7 协议和 MySQL 生态等重要特性。TiDB 适合高可用、强一致要求较高、数据规模较大等各种应用场景。TiDB 的官网界面截图如图 3-24 所示。

图 3-24　TiDB 的官网界面截图

（3）openGauss

这是一款全面友好开放，携手伙伴共同打造的企业级开源关系型数据库。openGauss 采用木兰宽松许可证 v2 发行，提供面向多核架构的极致性能、全链路的业务、数据安全、基于 AI 的调优和高效运维的能力。openGauss 深度融合华为在数据库领域多年的研发经验，结合企业级场景需求，持续构建竞争力特性。同时，openGauss 也是一个开源、免费的数据库平台，鼓励社区贡献、合作。openGauss 的官网界面截图如图 3-25 所示。

**图 3-25　openGauss 的官网界面截图**

3. 应用场景

分布式数据库的业务需求逐步提升，特别是我国互联网的迅猛发展带动了行业的变化，国内的大型互联网公司都使用的是国产化的分布式数据库。具体举例如下。

（1）阿里云飞天分布式数据库

阿里云飞天分布式数据库基于阿里云计算平台，为客户提供了大规模、高可用、高可靠、高性能的在线事务处理（OLTP）服务。它采用基于共享存储的集群架构，实现了高速的数据共享和协同计算，提供了高效的数据处理能力。

（2）腾讯云 TDSQL 分布式数据库

这是一款由腾讯云推出的企业级分布式关系型数据库产品。它支持自动水平拆分和容灾，可实现分布式高可用性，提供了高性能、高可扩展性、高容灾性、高安全性的数据库服务。

（3）华为分布式数据库 GaussDB

GaussDB 数据库产品是华为云数据库产品线的重要组成部分，它是一款高性能、高可靠、高安全的数据库产品。GaussDB 数据库产品采用了自主研发的分布式数据库技术，支持多种数据类型和数据存储方式，能够满足不同行业、不同规模企业的需求。同时，GaussDB 数据库产品还具有高可用性、高扩展性、高安全性等特点，能够为企业提供更加稳定、可靠的数据库解决方案。

（4）京东分布式数据库 JIMDB

这是京东自主研发的分布式关系型数据库。它采用了分布式存储、分布式计算、分布式事务等技术，可以支持高并发、高可用、高可靠的在线事务处理和分析处理。

# 3.4 大数据分析技术

大数据分析的主要目的是从海量数据中发现隐藏的模式、趋势和关联性，以便提供商业决策、科学研究和社会服务等方面的支持。

- 在商业领域，大数据分析可以帮助企业了解市场、了解客户需求、预测未来趋势、提高生产效率、降低成本、改进产品和服务、预防风险和诈骗等。
- 在科学研究领域，大数据分析可以帮助研究人员识别新的模型和理论、探索新的领域和概念、提高数据的质量和精度、推进新的发现和创新等。
- 在社会服务领域，大数据分析可以帮助政府和公共组织优化资源分配、改善公共服务、应对突发事件、预防疾病等。

大数据分析技术涉及很多方面，这些技术不是孤立存在的，它们往往需要结合起来使用，以实现更复杂的分析任务。例如，数据挖掘和机器学习可以结合起来用于预测；自然语言处理和统计学可以结合起来用于情感分析。

接下来，从最常见的三种大数据分析技术着手，介绍如何使用经过采集、预处理以后得到的数据。

## 3.4.1 数据可视化

数据可视化技术是将数据用图表、图形等方式呈现出来，以便于用户快速理解和发现其中的模式、规律和趋势，更快、更准确地做出决策。常见的可视化图样包括折线图、柱状图、饼图、散点图、热力图、地图、词云等图形，所涉及的技术和工具非常丰富。可视化的呈现方式有两类，一类是静态的，另外一类是动态的。

1. 静态可视化

数据可视化呈现出的图表、图形需要在报告、论文、宣传页等这类纸质媒介上进行传播表达，都可归纳成静态可视化。所有的可视化技术都可以实现此类效果，常用的技术包括：Python 绘图库 Matplotlib、Seaborn、Plotly 等。具体图样参看 Matplotlib 的示例，如图 3-26 所示。

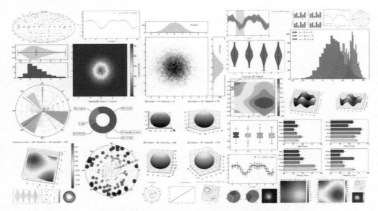

图 3-26　Matplotlib 图形样式示例

还有专门处理自然语言的可视化技术，例如：WordCloud、TextBlob、Natural Language Toolkit、IBM Watson 等。WordCloud 词云样式示例如图 3-27 所示。

图 3-27　WordCloud 词云样式示例

2. 动态可视化

若数据可视化的最终呈现效果需要通过网页、视频和互动性设备等多媒体介质进行传播展示，就涉及动态可视化。下面从图形类型分别介绍常见的动态可视化的相关技术和效果。

（1）图形类

可生成用于 Web 和移动端的各类动态交互式图形，常见技术有：ECharts、Highcharts、D3.js、Plotly、Bokeh 等。ECharts 样式示例效果如图 3-28 所示。

图 3-28　ECharts 样式示例

（2）地图类

可用于提供各类型、可定制效果的地图效果，常用技术有：百度地图开放平台、高德地图开放平台，Leaflet、OpenLayers、Mapbox、ArcGIS 等。高德官方图层效果如图 3-29 所示。

图 3-29　高德官方图层效果

（3）3D 可视化类

可呈现图像 3D 效果，常用技术有：ThingJs、Three.js、Babylon.js、A-Frame、Cesium、Blender 等。ThingJs 的官网示例效果如图 3-30 所示。

图 3-30　ThingJs 的官网示例效果

（4）BI 类

这是一种商业智能工具，可以帮助用户快速地创建、分析和共享数据报表、分析图表和仪表板等，帮助用户更好地理解和利用数据，进行决策分析和业务优化。常用技术有：Tableau、Power BI、SAS、IBM Cognos Analytics、MicroStrategy、Spotfire 等。Tableau 基金会运营年度报告效果如图 3-31 所示。

图 3-31　Tableau 基金会运营年度报告效果

### 3.4.2 数据挖掘

数据挖掘是从大规模数据中自动发现、提取、分析和总结出有价值的信息的一种技术。它可以帮助人们发现大量数据中的潜在趋势和关联，对数据进行分类、聚类、预测和异常检测等分析，从而提供有价值的信息和洞察力，支持决策和策略的制定，提高生产效率和市场竞争力。数据挖掘技术包括了多种方法和算法，其中常见的技术有分类、聚类、关联规则挖掘、时间序列挖掘、异常检测、文本挖掘。

1. 分类

分类指通过已有的数据，进行分类、预测等任务。常用算法包括决策树、朴素贝叶斯、支持向量机、逻辑回归等。例如，使用分类算法将邮件分为垃圾邮件和正常邮件，减少用户收到垃圾邮件的数量。

2. 聚类

聚类就是将大量数据分成具有相似特征的小组。常用算法包括 K-Means、层次聚类等。例如，通过挖掘用户的行为数据和消费数据，将用户分成不同的群体，以便公司能够更好地理解和满足用户的需求。

### 3. 关联规则挖掘

关联规则挖掘指发现数据中的关联关系，即两个或多个变量之间的关联。常用算法包括 Apriori 算法、FP-Growth 算法等。例如，超市可以通过挖掘消费者的购物数据，找出常一起购买的商品组合，并通过这些关联规则制定促销活动，提高销售量和利润。

### 4. 时间序列挖掘

时间序列挖掘指发现时间序列数据中的模式、规律等。常用算法包括 ARIMA、时间序列聚类等。例如，可以通过对历史气象数据的分析，发现某一地区某个月份的降雨量出现的明显的周期性变化，从而可以对该地区该月份的降雨量进行预测和调整。

### 5. 异常检测

异常检测指检测数据中的异常值或者异常模式。常用算法包括 LOF、孤立森林等。例如，通过对信用卡交易数据的异常检测，可以识别出潜在的欺诈行为，从而保障金融机构的利益和消费者的安全。

### 6. 文本挖掘

文本挖掘指从大量文本数据中提取出有用的信息，包括文本分类、情感分析、实体识别等。常用算法包括 TF-IDF、LDA、词向量模型等。例如，识别出新闻报道中的主要话题，用于新闻媒体和舆情分析等领域。

常见的数据挖掘工具有：IBM SPSS Modeler、SAS、RapidMiner。还有一些商业化的数据挖掘软件，如 Oracle Data Mining、Microsoft SQL Server Analysis Services 等。我国也自主研发了非常好用的数据挖掘平台，例如，DataV、DataCanvas、EasyData 和 DataStation。EasyData 的客户案例——智慧化社区服务如图 3-32 所示。

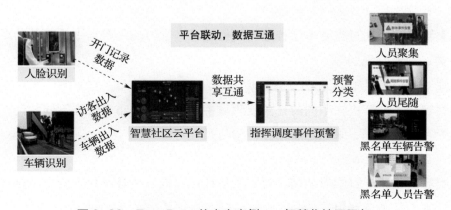

**图 3-32　EasyData 的客户案例——智慧化社区服务**

### 3.4.3 机器学习

数据挖掘和机器学习都是从数据中提取有用信息的方法，但它们的侧重点略有不同。

数据挖掘是从大量数据中发现规律、模式和关联性的过程，其目的是发现数据的内在结构和特征。机器学习是利用算法让计算机自动学习数据中的规律和模式，并通过不断的迭代优化来提高预测或决策的准确性。可以说数据挖掘是机器学习的一个子集，数据挖掘更偏向于从数据中挖掘出规律和模式，而机器学习更偏向于让计算机自动学习和提高预测和决策的准确性。

机器学习可以根据不同的分类标准进行分类，以下是几种常见的分类方法：

（1）监督学习（Supervised Learning）

该类算法的输入数据包含标签或类别信息，目标是根据已有的标记数据集，学习到一个函数或者模型，使其能够对未知数据进行准确的分类、预测或回归。

（2）无监督学习（Unsupervised Learning）

该类算法的输入数据不包含标签或类别信息，目标是通过发现数据中的结构和规律，对数据进行聚类、降维或者异常检测等。

（3）半监督学习（Semi-Supervised Learning）

该类算法的输入数据包含一部分带有标签或类别信息的数据和一部分未标记的数据，目标是利用已标记的数据，学习到一个模型或者函数，使其能够对未标记的数据进行分类、预测或回归等。

（4）强化学习（Reinforcement Learning）

该类算法的目标是通过在环境中进行试错，学习到一种策略，使得能够最大化长期回报。

（5）深度学习（Deep Learning）

该类算法主要通过建立多层神经网络模型，来学习输入数据中的高级抽象特征，用于分类、预测、识别等。

（6）迁移学习（Transfer Learning）

该类算法主要解决在不同的任务或领域中，数据的分布和特征不同的问题，通过利用已学习到的知识，来加速新任务的学习过程。

（7）增强学习（Meta Learning）

该类算法主要通过学习如何学习，来设计更高效、更具泛化性的学习算法，用于快速适应新的任务或环境。

（8）解释学习（Explanatory Learning）

该类算法主要通过解释模型的决策过程和内部结构，来提高模型的可解释性和可信度，以及支持模型的优化和改进。

实现机器学习的技术有很多，常见的有 Python 的机器学习库，包括 Scikit-learn、TensorFlow、Keras、PyTorch 等；R 语言的机器学习库，包括 Caret、RandomForest、XGboost 等；Java 的机器学习库，包括 Weka、deeplearning4j、Apache Spark 等；基于云的机器学习平台，包括 Amazon Web Services、Google Cloud Platform、Microsoft Azure 等；开源的自动机器学习工具：例如 AutoML、TPOT、H2O.ai 等。

# 思考与练习

## 【选择题】

1. 下列哪种存储技术适合存储大数据？（　　　）

    A. 关系型数据库　　　　B. 文件系统　　　C. NoSQL 数据库　　　　D. 数据仓库

2. 大数据采集技术中，下列哪种技术可以用于分布式爬虫？（　　　）

    A. Selenium　　　　　　B. Scrapy　　　　C. Beautiful Soup　　　　D. Requests

3. 大数据预处理技术中，下列哪种技术可以用于数据清洗和转换？（　　　）

    A. MapReduce　　　　　　　　　　B. Hadoop

    C. Apache Spark　　　　　　　　　D. ETL 工具

4. 大数据可视化技术中，下列哪种技术可以用于实现交互式数据可视化？（　　　）

    A. Tableau　　　　　　　　　　　B. Power BI

    C. Excel　　　　　　　　　　　　D. MATLAB

5. 下列哪种存储技术适合存储结构化数据？（　　　）

    A. Hadoop Distributed File System（HDFS）

    B. Cassandra　　　　　　　　　　C. MongoDB

    D. MySQL

## 【问答题】

1. 假设你要设计一个大数据处理系统，要求能够支持大规模数据存储、高效数据处理、实时数据分析和可视化展示等功能。请描述你的系统架构和技术选择，包括硬件和软件组件。

2. 传统的关系型数据库不适合存储大规模非结构化数据，因此需要使用 NoSQL 数据库等新型存储技术。请比较并分析 Hadoop HDFS 和 Cassandra 两种存储技术的优缺点、适用场景以及使用注意事项。

3. 大数据技术已经逐渐被应用于传统制造业，例如智能制造、工业大数据等。请探讨大数据技术在制造业中的应用和未来发展趋势。

# 第 4 章
# 大数据应用

通过利用先进的技术手段如人工智能、机器学习和数据分析等，大数据应用已经在包括智慧医疗、智能交通、智能教育、科学研究、商业决策以及公共部门等领域实现了突破性的发展，为各行各业带来了更高效的资源利用、更精准的决策和更优化的服务体验。本章将详细讲述大数据在这些领域的具体应用案例。

## 知识目标

- 了解大数据在各领域应用的基本概念，明确大数据应用未来的发展趋势。
- 了解大数据如何在专业领域有针对性地进行数据采集与数据分析。
- 了解现有的大数据跨领域典型应用案例，了解大数据在不同领域的重要作用。

## 科普素养目标

- 通过了解大数据跨领域应用场景，树立紧跟时代的学习意识。
- 通过了解大数据跨领域的采集与分析，树立基本的数据安全意识。
- 通过对大数据跨领域案例的学习，激发创新性思维。

## 4.1　智慧医疗

### 4.1.1　智慧医疗大数据的概念及应用

　　我国智慧医疗建设正朝着标准化、集成化、智能化、移动化、区域化方向发展，智慧医疗已经逐渐融入人们的生活。先进的智慧医疗在线系统，可以实现在线预约、健康档案管理、社区服务、家庭医疗、支付清算等功能，大大便利了市民就医，同时提升了医疗服务的质量和患者满意度。

　　智慧医疗通过打造健康档案区域医疗信息平台，利用最先进的物联网技术和大数据技术让患者体验一站式的医疗服务。智慧医疗的核心就是"以患者为中心"，给予患者以全面、专业、个性化的医疗体验。智慧医疗通过整合各类医疗信息资源，构建药品目录数据库、居民健康档案数据库、影像数据库（Picture Archiving and Communication Systems，PACS）、检验数据库（Laboratory Information System，LIS）、医疗人员数据库、医疗设备等卫生领域的 6 大基础数据库，可以让医生随时查阅病人的病历、患史、治疗措施和保险细则，随时随地快速制定诊疗方案，也可以让患者自主选择更换医生或医院，患者的转诊信息及病历可以在任意一家医院通过医疗联网方式调阅。大数据在智慧医疗领域有如下三个典型应用。

#### 1. 电子病历

　　在智慧医疗推广以前，患者每到一个医院，就需要在这个医院购买新的信息卡和病历，重复做在其他医院已经做过的各种检查。智慧医疗通过在大数据平台录入患者电子病历，实现了不同医疗机构之间的信息共享。在任何医院就医时，只要输入患者身份证号码，就可以立即获得患者的所有信息，包括既往病史、检查结果、治疗记录等，再也不需要在转诊时做重复检查。

　　住院病案作为电子病历的典型，可以根据系统实时获取。住院病案中包含了病人患病经过和治疗情况，同时可以对住院过程进行管理，大大提高了医院的管理效率。住院病案首页如图 4-1 所示。

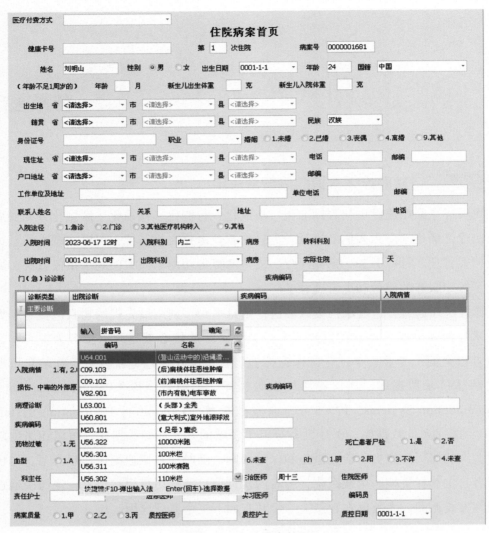

图 4-1　住院病案首页

2. 区域人口健康管理

人口健康信息平台可以收集和管理个人健康信息，包括个人基本信息、健康状况、疾病史、就诊记录等，从而促进健康管理和疾病预防。人口健康信息平台可以促进医疗资源协调分配，对医疗资源进行全面的监测和管理，统筹安排医疗资源的分配和调配，避免医疗资源的浪费和滥用。

以哈尔滨医疗云项目为例，该项目以打造中国北方智慧医疗标杆为目标，于2020年6月底完成验收，全面上线。卫生专网覆盖442家市区两级医疗、卫生管理机构；完成市级全民健康信息平台及18个区县（市）虚拟平台的建设，纵向接入

111 家医院数据，横向实现与公卫系统、血液系统、计生系统等 14 项垂直业务系统数据对接，采集了 22.1 亿条数据，形成了 610 余万份居民电子健康档案，构建了 4 大类健康医疗云应用。其中哈尔滨市全民健康信息平台如图 4-2 所示。

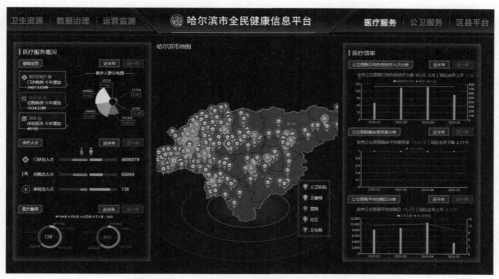

图 4-2　哈尔滨市全民健康信息平台

该平台基于国际领先的 OpenEHR 标准进行建设，通过从各个异构系统中采集医疗、健康数据，使用 OpenEHR 相关技术标准建立统一的健康医疗大数据模型，实现异构数据标准化、可视化。

### 3. 医疗大数据分析平台

医疗大数据分析平台主要包括管理决策大数据应用、健康医疗临床和科研大数据应用、公共卫生大数据应用、健康管理大数据应用等。以东软医疗健康大数据平台为例，它由数据中台、AI 应用框架和基于大数据的智慧应用三大部分组成，通过平台汇聚各类医疗健康数据，形成完整的大数据体系，实现基于大数据和 AI 的智慧应用创新，赋能惠民、惠医、惠政和惠业。平台架构如图 4-3 所示，其中医疗大数据大屏看板样例如图 4-4 所示。

通过推进大数据在医疗健康领域的应用，一方面，可以让决策者多角度、全局性地掌握医疗机构运营的总体情况，实现医院精细化管理；另一方面，能够对体制改革进行合理的监测与评估，使优势资源"下得去"，助力实现分级医疗效果的科学评估，合理进行资源优化配置，更好地推动分级诊疗落地。

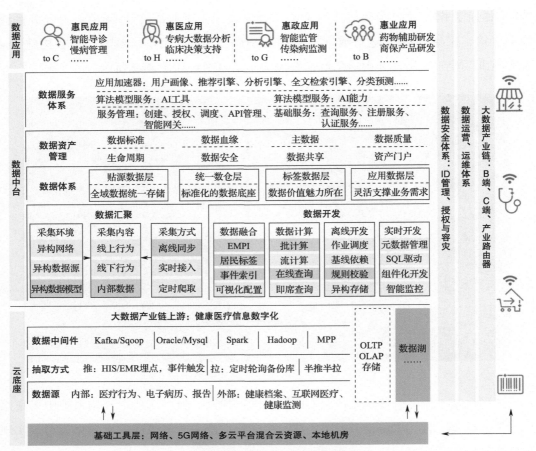

图 4-3　东软医疗健康大数据平台架构

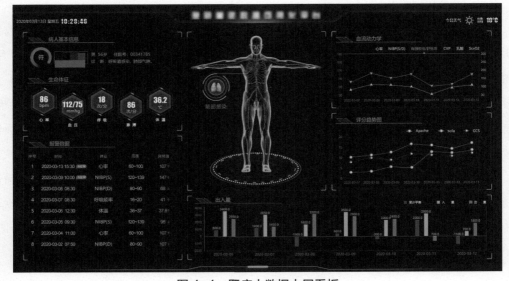

图 4-4　医疗大数据大屏看板

### 4.1.2 案例：济南健康医疗大数据平台建设与运营

在国家健康医疗大数据应用发展总体规划的"1+5+X"（一个国家数据中心，五个区域中心，若干个应用发展中心）中，山东省承担了国家健康医疗大数据北方中心建设任务。2018 年 4 月，国家健康医疗大数据北方中心在济南签约成立，成为首家通过国家卫健委评估和授权的健康医疗大数据区域中心，济南市成为全国首个启动国家健康医疗大数据中心建设的试点城市。2018 年 6 月，济南市卫健委与浪潮集团签署全面战略合作协议，依法依规授予浪潮集团对健康医疗大数据的汇聚、治理、应用及运营等相关权责，制定相关数据标准规范和安全体系搭建，启动了济南健康医疗大数据平台的建设和运营工作。

#### 1. 健康医疗大数据平台建设

国内首个健康医疗大数据平台 HDSP 的建设参照国家大数据标准 GB/T 35589—2017《信息技术　大数据　技术参考模型》，采用全国首创的数据采集技术 CMSP，汇集医疗相关数据、政府数据、社会数据、互联网数据、环境学等医疗相关全量数据，形成健康医疗数据湖，并对汇聚的健康数据进行专项治理；打造数据计算平台，结合一码通主索引连接所有治理后的数据，根据应用需求形成分类应用，支持临床辅助、科研、超级档案检索。平台架构如图 4-5 所示。

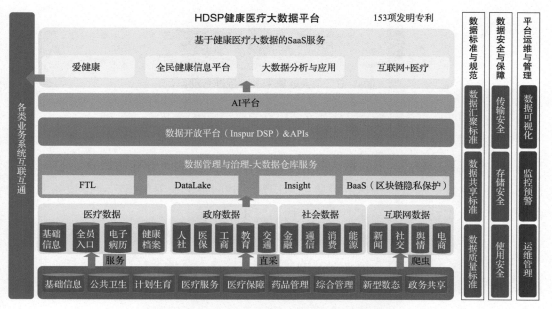

图 4-5　HDSP 健康医疗大数据平台架构图

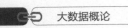

2. 制定健康医疗大数据标准，汇聚全量数据

基于国家卫生行业标准和省级参考规范，结合济南实际，济南市创新制定《济南市健康医疗大数据目录》，共计 11 大类、60 个亚目、320 个细目，16717 个数据项，接入济南 23 个政府部门健康医疗相关数据，包含公安、民政、人社、农业、环保、市场监督、检验检疫、保险监管、安全监管、教育、体育、科技、统计、气象、残联等部门数据，汇聚完成了济南区域内 64 家公立医院、20 家社会办医院、20 家驻济体检机构、64 家社区卫生服务中心、47 家乡镇卫生院、191 家社区卫生服务站、2625 家村卫生室的健康医疗核心业务数 191.53 亿条、影像数据 3.81 亿张、电子病历 2794.63 万份，汇集整合数据量达到 170TB，形成了国内最大的健康医疗大数据资源池，在专业的数据治理技术支持下，构建了四大类 108 个数据集，数据汇聚治理总条数达到 200 亿条。个人健康相关数据部分细目如图 4–6 所示。

| 序号 | 提供方 | 信息资源名称 | 数据量（条） | 序号 | 提供方 | 信息资源名称 | 数据量（条） | 序号 | 提供方 | 信息资源名称 | 数据量（条） | 序号 | 提供方 | 信息资源名称 | 数据量（条） |
|---|---|---|---|---|---|---|---|---|---|---|---|---|---|---|---|
| 1 | 食品药品监督管理局 | 济南市校外托管场所（小饭桌）登记信息 | 1785 | 18 | 农业局 | 济南市绿色农产品认证信息情况 | 130 | 35 | 城市管理局 | 济南市公共厕所信息 | 839 | 52 | 市政 | 集中供热服务单位信息 | 6 |
| 2 | | 济南市药品名录 | 18735 | 19 | | 济南市无公害农产品产地认定情况 | 543 | 36 | | 济南市垃圾转运站一览表 | 80 | 53 | | 供热数据 | 15 |
| 3 | | 济南市网上药店名录 | 79 | 20 | | 济南市无公害农产品认证信息情况 | 570 | 37 | | 济南市生活垃圾无害化处理统计信息 | 5 | 54 | | 在建工程一览表 | 32 |
| 4 | | 济南市保健品名录 | 12281 | 21 | | 济南市农产品质量安全例行监测结果 | 54 | 38 | | 济南市生活垃圾收集点信息 | 12 | 55 | | 供气区域分布信息 | 16 |
| 5 | | 济南市医疗器械经营许可信息 | 1799 | 22 | | “菜篮子”直通车进社区承担单位名单信息 | 5 | 39 | | 济南市化粪池信息 | 10 | 56 | | 燃气汽车加气站信息 | 1 |
| 6 | | 济南市二类医疗器械经营备案信息 | 6170 | 23 | 畜牧局 | 济南市畜禽养殖规模养殖场备案信息 | 26 | 40 | 民族宗教事务局 | 民族分布 | 38 | 57 | 统计局 | 法人单位在岗职工年平均工资 | 12 |
| 7 | | 济南市食品经营许可信息 | 66288 | 24 | | 济南市动物疫病物种名录信息 | 116 | 41 | | 宗教分布 | 36 | 58 | | 区县机构情况 | 11 |
| 8 | | 济南市药品经营许可信息 | 5300 | 25 | 城乡水务局 | 济南市城市供水管网水水质月检信息 | 44 | 42 | | 在济少数民族人口统计信息 | 10 | 59 | | 地区生产总值(第一二三产业) | 47 |
| 9 | | 济南市一类医疗器械产品备案信息 | 551 | 26 | | 济南市地下水深井信息 | 141 | 43 | 安全生产监督管理局 | 危险化学品信息 | 3719 | 60 | | 地区生产总值 | 47 |
| 10 | 民政局 | 城市社区日间照料中心统计情况日间照料中心信息 | 201 | 27 | | 济南市供水水量统计信息 | 700 | 44 | | 危险化学品经营企业一览表 | 1764 | 61 | | 居民消费价格指数 | 47 |
| 11 | 人力资源和社会保障局 | 医保服务机构 | 4 | 28 | | 济南市城市供水水质检验项目信息 | 41 | 45 | | 危险化学品生产企业名录 | 91 | 62 | | 农村居民人均可支配收入 | 47 |
| 12 | | 有门诊功能的基层医疗机构名单 | 278 | 29 | | 济南市城市供水管网水水质信息 | 1056 | 46 | | 纳入安全许可的危化品使用企业名单 | 6 | 63 | | 城镇居民人均可支配收入 | 47 |
| 13 | | 医保药品目录（中成药部分） | 1378 | 30 | | 济南市城市供水出厂水水质信息 | 2782 | 47 | 体育局 | 济南市市属体育场馆开放信息 | 16 | 64 | 商务局 | 早餐店分布情况 | 278 |
| 14 | | 医保药品目录（西药部分） | 1927 | 31 | | 城市供水水质检验频率信息 | 10 | 48 | | 学龄儿童青少年超重、肥胖筛查体重指数信息 | 13 | 65 | | 主食加工配送中心分布情况 | 11 |
| 15 | | 门诊定点医疗机构名单 | 368 | 32 | 粮食局 | 济南市粮油加工企业基本信息 | 38 | 49 | | 济南市优秀全民健身活动站（点）名单信息 | 199 | 66 | | 标准化菜场信息 | 85 |
| 16 | | 定点零售药店名单 | 508 | 33 | | 济南市粮食批发市场信息 | 3 | 50 | 残联 | 残疾人康复定点机构信息 | 17 | 数据量合计（条）： | | | 131,685 |
| 17 | | 居民历年最低工资标准情况 | 16 | 34 | 气象局 | 极端天气事件 | 114 | 51 | | 残疾人康复服务指导站信息 | 87 | | | | |

图 4–6　个人健康相关数据部分细目

3. 基于健康医疗大数据平台开展数据运营与应用服务

依托浪潮平台 + 生态模式，打造平台生态型业务架构模式，与合作伙伴一起构建新型健康服务应用体系，以数据运营带动生态发展，以平台支撑应用创新，面向政府、医疗机构、企业、居民提供医养健康创新应用，共同推进医养健康产业链快速发展。健康医疗大数据技术及应用服务模式架构如图 4–7 所示。

（1）助力政府

济南市基于健康医疗大数据建立的全民健康医疗大数据平台首页概览图如图 4–8 所示。平台能够为政府提供基于健康医疗大数据的决策监管服务，能够精准地为政府提供公共卫生数据分析、慢病综合管理、居民健康一码通等服务。

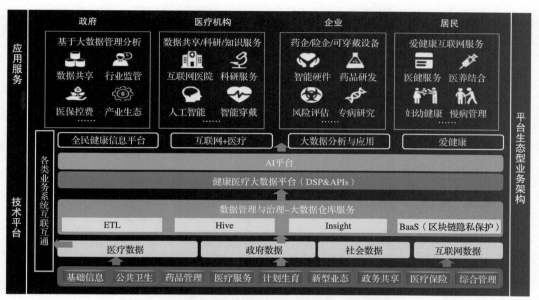

图 4-7　健康医疗大数据技术及应用服务模式架构

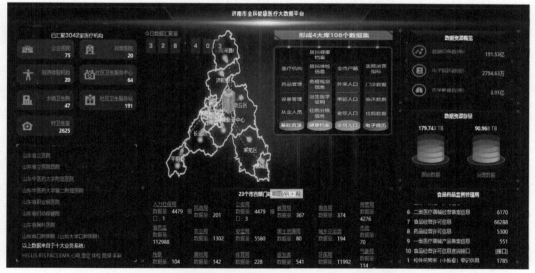

图 4-8　济南市全民健康医疗大数据平台首页概览图

（2）服务医疗

平台面向医疗机构，对已经治理的数据进行分类。目前在专病方面已经开放了21种专病队列，常见病200余种，全部病种两万六千余种，这为医院在临床路径研究、医药研究、科学研究等方面提供了坚实基础。同时，与合作伙伴开展基于大数据的人工智能影像辅助判读分析服务，提高医生识别病灶的准确率，降低误判风险，目前在乳腺癌和肿瘤以及糖网筛查方面有成功应用，如图 4-9 所示。

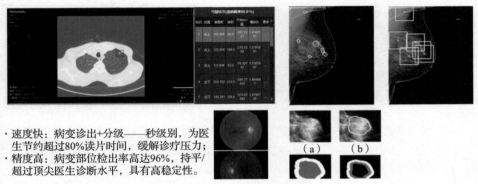

· 速度快：病变诊出+分级——秒级别，为医生节约超过80%读片时间，缓解诊疗压力；
· 精度高：病变部位检出率高达96%，持平/超过顶尖医生诊断水平，具有高稳定性。

图 4-9　人工智能阅片图示

（3）实现便民惠民

平台打造爱健康互联网服务平台，为基层居民和患者提供互联网一站式服务，如图 4-10 所示。服务平台通过数据汇聚打通市各医疗机构数据，实现居民就医一码通服务，所有数据打通的医院间即可实现患者数据共享，居民可在爱健康 App 查阅个人健康档案，也可授权医生读取个人的健康档案，真正实现跨医疗机构间的数据互联互通和共享，避免了患者重复检查造成的成本浪费。

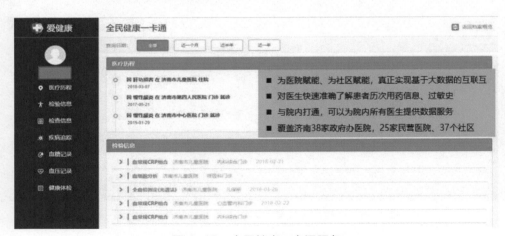

图 4-10　全民健康一卡通服务

**4.1.3** **案例：华西医院肿瘤专科临床科研智能大数据平台**

现代医学已进入循证时代，基于严谨的科学研究过程产生的医学证据是优化和改良当前医疗决策的最优解之一。多年来，医疗机构通过医疗信息化系统沉淀了海量的诊疗数据，这些数据是开展权威的医学科研，辅助诊疗，决策优化，协助医院高效管理的重要支撑，具有非常高的应用价值。但受限于技术的瓶颈和高效解决方案的缺乏，这些海量的数据资产未被充分的挖掘和应用。

### 1. 科研智能大数据平台建设

华西医院通过建设智能大数据平台，完成全周期全维度全模态病患数据采集，实现临床业务数据向标准化科研数据的智能转化、统一存储、处理、分析。该平台支持现有以及未来产生的各类医疗数据，包括文本数据、影像数据、基因组学数据等，并通过建立相关疾病专科数据标准，基于相应标准建立疾病专科患者诊疗模型，疾病专科疾病模型，形成相对应疾病的单病种库。智能数据治理如图 4-11 所示。

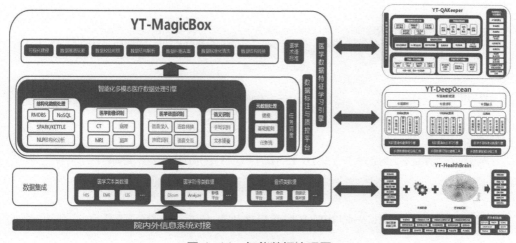

**图 4-11　智能数据治理图**

肿瘤专科临床科研智能大数据平台建设的核心目的是对数据的分析利用，大量低质量的数据很难支撑深层次的临床科研应用。因此，系统建设之初规划、建设统一的规范术语标准体系。系统建设参考并遵循了《医院信息系统基本功能规范》《电子病历系统功能应用水平分级评价方法及标准》《电子病历共享文档规范》《关于促进和规范健康医疗大数据应用发展的指导意见》《医院信息安全等级评测规范》《计算机软件工程规范》以及国际、国内相关标准 ICD、MeSH、LOINC、DICOM3.0、HL7、IHE、电子病历基本数据集等。医学术语标准体系，借鉴国际医疗信息化建设经验，优先采纳国际、国内、行业及医院标准，通过规范的术语管理标准体系，确保采集临床数据的质量，为科研数据的分析、挖掘提供支持。

肿瘤专科临床科研智能大数据平台围绕特定疾病继续建设科研专病数据库的基础平台。针对肺癌疾病特征，构建具有华西特色的疾病科研模型和自动化解析模型，有效贴合华西医院资深的临床数据特征，完成临床数据的多学科集成与内容解析，将多模态的、异源异构的临床数据转化为有效的、结构化的、高质量的科研数据。在平台上提供多种面向科研的具体应用，支持临床研究课题中肺癌相关患者的队列建设、支持大数据回顾性临床研究、支持大数据横断面研究、支持基于临床数据的人工智能辅助诊断、临床辅助决策、疾病预测等创新课题的研究。完成从数据集成、数据治理到科研支撑、临床应用的闭环支撑体系。科研平台架构如图 4-12 所示。

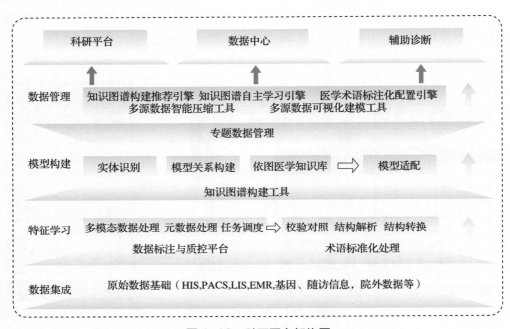

**图 4-12　科研平台架构图**

### 2. 科研大数据平台应用成果

智能单病种数据库建设完成后，可实现万量级数据 AI 自动化提取入库少于 1 小时，将数据提取精度提升至 99.3%。以肺癌为例，建成国内首个含临床、影像、病理等多维度指标、数据全结构化的顶级智能肺癌科研病种库，为华西医院肺癌诊治提供大数据决策支撑；促进科研产出与成果转化应用，稳步提升华西医院的肺癌诊治水平。通过对该库的多中心运营，学科影响力进一步扩大，多中心学科建设与运营成本也显著下降。同时，研制肺癌人工智能辅助诊断标准，引导行业发展、促进临床应用，提升医疗综合诊疗能力。

# 4.2 智能交通

## 4.2.1 智能交通的概念及应用

智能交通是利用信息技术手段，将交通运输领域的各类数据和资源有机整合，实现数据的共享、协同、互通，从而提高交通运输领域的管理、服务、安全、效率和创新等方面的水平。通过大数据技术的应用，智能交通可以实现交通拥堵监测和预测、交通安全管理、智能公共交通调度、交通网络优化和智能驾驶等多种应用场景，提高城市交通运输的智能化、绿色化、安全化水平，促进城市可持续发展。

随着交通运输服务与管理信息化、智能化的发展，大数据在交通运输领域中的应用成为热点。大数据的应用使人们重新认识了交通需求以及交通运行的内在规律，同时也改变了交通运输的规律。

大数据在智能交通中的应用主要体现在以下几个方面。

（1）交通拥堵预测和优化

通过大数据分析交通状况，对城市交通拥堵情况进行预测，并提出优化措施，如调整交通信号灯时间，指导车辆行驶路线等，以减少拥堵情况的发生和影响。

（2）智能交通信号控制

通过大数据技术实现交通信号的智能控制，根据交通状况进行实时调整，以提高交通的通行效率和安全性。

（3）交通安全预警和监控

通过大数据分析交通事故和违法行为等数据，实现交通安全预警和监控，帮助交警部门及时发现和处置交通安全隐患。

（4）车辆管理和调度

通过大数据技术实现对公共交通和物流车辆的管理和调度，包括车辆的定位、运行状态监测和分析，以及车辆调度和路线规划等，以提高公共交通和物流运输的效率和质量。

（5）交通信息服务

通过大数据技术提供实时的交通信息服务，包括路况信息、公共交通信息、停车

位信息等，以便人们更好地规划出行路线，避免交通拥堵。

以湖南省长益高速公路扩容工程中高速公路大数据平台为例，平台整体架构分为高速应用和管理层、通信层、感知层、执行层，如图 4-13 所示。其中高速应用与管理层是整个系统的核心，通过通信层中大量的基站、网关、路由等基础设施，实时收集感知层与执行层中的摄像头、射频信号接收器、车辆传感器等采集的原始数据。将交通数据汇总到管理层进行结构化的转化与清洗，再通过大数据集群 HBase 进行分类化管理。V2X 通信服务、大数据分析服务等云服务获取相应数据并通过相应的应用发布给特定的使用群体。

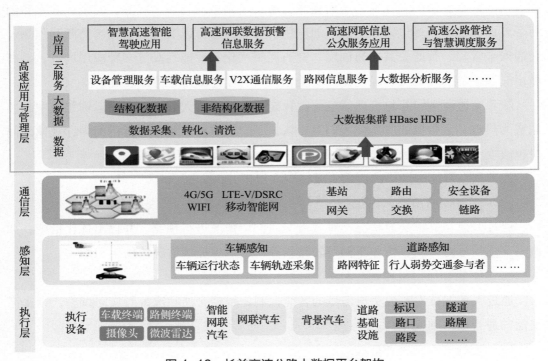

图 4-13　长益高速公路大数据平台架构

### 4.2.2　案例：江苏交通运输规划大数据应用案例

近年来，江苏省交通信息化建设稳步推进，目前已汇聚了覆盖公、铁、水、空、手机信令等多领域、行业内外多源交通数据资源，江苏省已进入以数据的深度挖掘和融合应用为主要特征的智能化阶段。开发和释放数据蕴藏的巨大价值，以数据资源赋能交通发展，提升数据融合共享、全方式运行态势推演、多维度区域综合评估能力，已成为江苏省交通现代化发展的必然趋势。

1.区域交通多源数据预处理关键技术

由于数据采集复杂多样，交通运输行业数据存在着数据分散、信息孤岛等问题，制约着大数据价值的充分挖掘。江苏省针对多源、异构、复杂的公路、铁路、水运、航空、手机信令等各类交通数据，形成了大数据清洗、数据融合、分布式高效计算等大数据预处理技术体系，构建了涵盖人、车、路、环境等不同对象分级、分用户各级管理权限的数据标准目录、开放共享体系，完善了具有统一标准、高效协同利用的数据资源底座，为挖掘大数据蕴含的交通规律特征奠定了可靠的数据基础。高速公路数据预处理如图 4-14 所示。

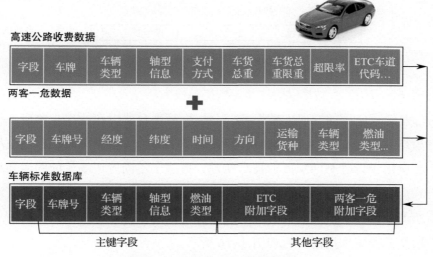

图 4-14　高速公路数据预处理

2.区域交通算法与模型构建关键技术

大数据模型是交通决策向智能化转变的核心技术支撑。传统交通模型体系及建模技术已无法适应大数据应用及精细化规划决策的需求，大数据模型建立流程如图 4-15 所示。江苏省交通信息化建设成果一是构建了交通出行特征全息感知、交通枢纽服务评测、全方式全链条出行轨迹追踪等不同应用场景的大数据算法模型；二是创新研究了基于多源数据的区域多模式、多层次交通模型，实现了多种运输方式的一体化建模，实现了对综合交通网络竞争评估及运输组织的还原，有效解决了综合交通网络运行仿真、客货运体系评估、重大交通设施建设决策等行业痛点，为区域综合交通规划、交通资源统筹优化提供了一定的技术手段，同时为地区精准的改善运输服务供给提供了决策的方向。

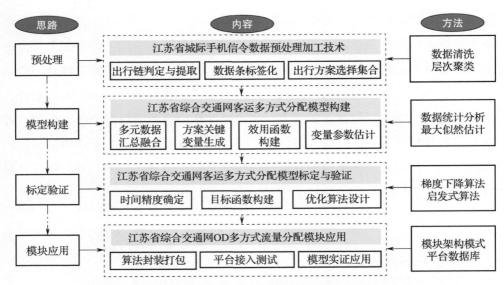

图 4-15  大数据模型建立流程

3. 基于场景应用的大数据综合决策平台搭建技术

面向行业场景应用的交通大数据综合分析决策平台建设还在起步阶段，仍有很多技术难点尚待突破。江苏省交通信息化建设突破了交通大数据分析平台在框架体系、功能模块、应用场景等不同层面的技术瓶颈，搭建了不同应用场景的图谱知识库，建立了全方式全覆盖的综合交通大数据分析及仿真系统，满足了交通运行情景演绎、节假日与枢纽流量监测、预测研判、规划决策等不同场景下交通大数据分析需求及行业应用。中设高速公路大数据看板如图 4-16 所示。

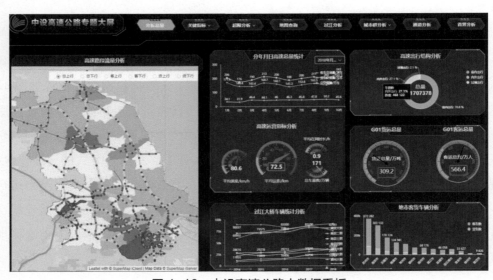

图 4-16  中设高速公路大数据看板

### 4.2.3　案例：广西交通运输大数据资源管控平台

广西交通运输大数据资源管控基础平台，用于研究交通运输数据资源管控的一系列关键技术，覆盖数据资源集成采集、清洗转换、物理存储、逻辑存储、质量与安全管控、服务管控、数据可视化与分析挖掘等全流程提升，为打造行业数据资源池实现了横纵向数据共享交换，推动了数据要素流通应用。广西交通运输大数据资源管控平台页面如图 4-17 所示。

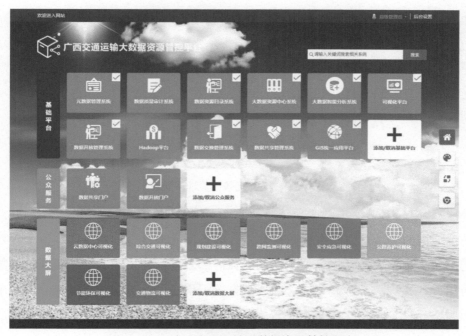

图 4-17　广西交通运输大数据资源管控平台

1. 平台技术内容及创新点

（1）平台层面

平台支持多源异构数据采集、存储、计算、共享、安全保障，搭建业内主流 Hadoop 生态大数据平台，涵盖海量数据存储、离线与实时处理、冷热访问等主要组件；打造高可用 ETL 工具，实现交通运输多源异构数据的采集，同时满足离线分析、准实时、实时等多类数据采集场景；打造共享管理、交换通道与节点管理基础平台，配备数据分级、内容加密、传输安全验证等安全保障技术，确保数据共享交换的完整性、有效性、及时性和安全性。

（2）数据层面

对数据全生命周期、全流程开展标准化管理，推动数据治理，提升数据质量，有

力支撑数据共享交换能力开放。初步确立数据采集、存储、共享交换、数据治理等技术规范与指南；以"TOGAF"方法架构为指引，以交通运输大数据应用为导向，结合范式、维度两种建模理论，构建综合交通全域数仓模型；形成标准管理、元数据管理、数据质量管理架构，摸清全域数据脉络，统一标准，切实提升数据质量。元数据管理系统如图 4-18 所示。

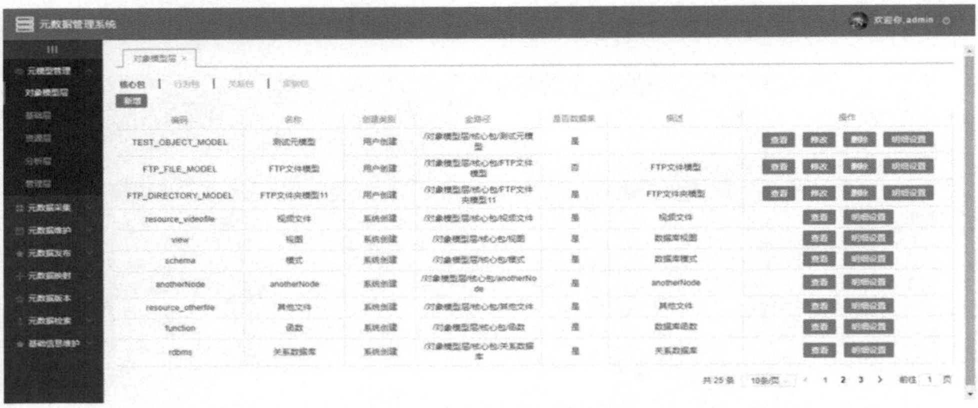

图 4-18　元数据管理系统

（3）应用层面

实现应用的灵活部署与个性化开发，开展数据的跨层次创新应用探索。在基础技术架构上，采用微服务架构，便于应用的灵活部署与横向扩展；搭建便捷化的数据统计分析组件，实现对多源异构综合交通数据的汇聚统计，实现数据融合分析应用；建设基于 GIS 一张图的跨平台可视化技术，将数据分析应用成果灵活、快速展示。

2.平台应用成果

（1）初步完成重点系统数据采集汇聚

截至 2020 年 7 月 16 日，已完成广西交通运输行业管理部门数据采集汇聚共 1.738TB，其中结构化基础数据 1160.3GB，含 47.33 亿条记录、2166 张表、26553 个字段；非结构化数据 619.7GB，含 GIS 数据 520.8GB，发布了 76 个地图服务、410 个图层信息服务，图片数据 98.9GB，共 654872 张图片。完成了公路基础数据、车辆基础数据、道路附属设施数据、桥梁基础数据、高速公路基础数据、高速计重收费数据、船舶数据等 60 余个数据专题数据的整理。

通过建模整理，构建了涵盖交通 5 大行业域、11 个对象域、10 个职能事务域的仓库层；初步梳理了相对统一的、通用的、完整的、准确的 5 大对象主数据，包括人员、业户、车辆、船舶、公路。平台共有 5 个主题资源共 2040 条目，其中基础库 319 个表、业务库 362 个表、主题库 955 个表，感知库 6 个表，元数据库 398 个表。

（2）对交通运输行业数据应用提供了支撑

在数据可视化展示方面，依托云数据中心打造的数据可视化万花筒平台，实现交通大数据的可见可感，帮助管理人员全面感知基础设施、路网运行规律与交通态势，并实现可视化部署，为交通资产精细化管理提供多维度数据呈现能力。联合高德地图、航班管家、高铁管家、盛威时代等第三方公司，结合 GIS 图层信息，建成涵盖云中心数据资源展示、综合交通、规划建设、路网监测、安全应急、节能环保、公路养护、交通物流、安全态势等多个主题数据展示与多维交互大屏。广西交通运输云数据中心面板如图 4-19 所示。

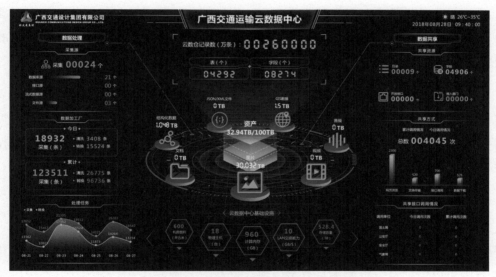

图 4-19　广西交通运输云数据中心面板

（3）打造了广西交通运输数据资统一管控标准规范体系

依据广西交通运输云数据中心、广西交通运输大数据资源管控平台的建设实践工作，已打造成套适用于广西交通运输数据共享交换的标准规范。扎实保障数据融通对接，破除壁垒，提升数据流通效率。共享交换标准体系建设内容包括：数据信息资源标准、数据信息采集标准、数据信息共享标准、数据信息交互标准、数据质量稽核标准、通用基础标准、配套支撑标准等。

# 4.3 智慧教育

## 4.3.1 智慧教育大数据的概念及应用

随着互联网和信息技术的快速发展，大数据技术在教育领域中的应用也越来越广泛。大数据技术可以帮助教育机构和教育工作者更好地理解学生的学习行为和学习需要，进而提高教学效果。在智慧教学方面，大数据应用可以通过智能化的学习资源推荐、学习路径优化和学习结果预测等方面，为教师和学生提供更加个性化、高效的教育服务。大数据在智慧教育的应用包括以下几个方面。

### 1. 个性化教学

通过大数据分析学生的学习情况、学习习惯、知识点掌握情况等数据，可以为每个学生量身定制个性化的教学计划，提高教学效果。同时，通过分析学生的答题情况、学习路径等数据，可以及时调整教学策略，让学生更好地理解和掌握知识。

### 2. 教育资源共享

大数据可以将全国各地的教育资源整合到一起，形成一个庞大的教育资源库，供全国各地的学生和教师使用。学生可以通过网络学习平台获取全国各地的优质教育资源，教师可以借助这些资源丰富教学内容，提高教学质量。

### 3. 智能辅助教学

通过人工智能技术，可以开发出各种智能辅助教学工具，如智能教学软件、智能作业系统等，提供给学生和教师使用。这些工具可以通过大数据分析学生的学习情况，为学生提供精准的教学辅导和反馈，让学生更好地掌握知识。

### 4. 学生管理

通过大数据分析学生的学习情况、行为习惯等数据，可以对学生进行全面的管理。学校可以通过数据分析了解学生的出勤情况、违纪情况等信息，及时采取措施防范和管理。同时，学生的家长也可以通过数据分析了解自己孩子的学习情况和表现，及时和学校沟通协调，共同促进学生的健康成长。

### 4.3.2　案例：北京东城区智慧教育"数据大脑"建设与应用

北京东城区着力建设开放、融合、共享的东城智慧教育"数据大脑"；实现区域内教育业务的统一认证、统一综合数据库、各应用系统与平台的统一对接，形成区域教育数据的生命周期管理体系，构建区域数据的资产沉淀；通过数据域策略服务融合建设数据服务应用场景，实现区域数据创新应用体系建设。

**1.东城区智慧教育"数据大脑"建设情况**

（1）东城区教育信息化标准建设

依据国家、教育部、北京市的教育数据标准，东城区已完成教育数据管理系列办法的制定，统一数据采集标准和试用规范，同时建成东城区智慧教育云服务平台，纵向对接国家和北京市平台，横向整合区域应用，全部实现统一认证登录。

（2）东城区教育数据资产建设

1）数据汇聚。共覆盖 19 个科室，数据范围涵盖 73 类数据材料、11 个业务及应用系统、一级数据主题 12 个、二级数据主题 42 个、1517 张数据报表，数据量59533657 条。

2）数据回流。建设了 9 个教育应用（ClassIn、优题网、听说教考平台、智学网、食品安全等），31 个业务数据表。

3）区域数据治理。围绕区域 7 大业务，20+ 个维度数据进行采集、清洗，自动生成区域发展分析报告和 300 多个报表，针对 80 多个指标开展业务分析与评价，真实客观地反映区域教育治理能力，为教育评价提供数据支持。

4）学校数据治理。通过 30 多个维度的数据进行采集、清洗，构建学校发展 110多个指标。利用数据挖掘和数据分析技术，从 9 大角度分析学校办学与发展状况，真实反映学校发展在全区所处的水平，为学校发展和宣传推广提供数据支撑。

**2.东城区智慧教育大数据应用**

以"实现教育数据资源全面汇聚、深度集成、可信监测、规范管理、安全应用"为总目标，融通学校管理"一校一档"、教师发展"一师一档"、学生成长"一生一档"三类教育数据，形成了结构清晰、初具规模的综合教育数据资源体系及汇聚机制，实现了教育数据、教育资源与市教委、区政府及下属教育单位的贯通共享。东城区智慧教育云服务大屏如图 4-20 所示。

大数据应用共分为以下几个方面。

图 4-20　东城区智慧教育云服务大屏

（1）学生成长报告

围绕学生的基本信息、思想品德、学业成就、体质健康、艺术素养、社会实践以及综合素质评价等方面构建档案资料库，记录成长经历，为学生提供成长过程的综合分析评价。

（2）教师成长报告

围绕教师的基本信息、奖励与荣誉、师德修养、教学情况、教研情况、育人成果、职业发展、工作绩效、工会活动以及党团资料等方面构建档案资料库，为教师提供发展过程的综合评价分析。

（3）学校发展报告

围绕学校主体，为学校提供学校发展的综合评价分析，为校长决策提供数据支撑服务，帮助决策者提高决策水平和质量。报告内容包括基本情况、奖项与荣誉、教师发展、育人成果、学生发展、办学条件、质量发展、特色发展以及媒体传播。

（4）区域发展报告

针对教委 7 大业务，20 多个维度数据自动生成区域发展报告。包括基本状况（学校规模、班额、办学条件等）、学生发展（学生规模、学科学业、体质健康等）、教师发展（教师规模、职业发展、职称等）、质量发展（教育质量检测数据）、特色发展（教育示范区工作）、均衡发展以及媒体传播。

对全区教育数据进行宏观呈现，从教育管理、教学情况、学生学业、学业水平分段、教师行为、学生行为、校园环境等情况进行多层次、多维度的数据挖掘和分析，通过数据大屏系统对全区各项业务流程实现无缝衔接，为决策者提供实时综合可视化场景，实现可视化的综合决策。

（5）教育事业统计分析

根据东城区教育事业统计数据，面向学校管理、学生管理、教职工管理提供一定的变化趋势分析，包括每年学校平均班额变化趋势、在校生数变化趋势、招生数变化趋势、全区专任教师数变化趋势，以及针对学校办学条件、房产设施等相关数据，结合国家教育教学质量监测模型，在生均校舍建筑面积、生均学校占地面积、学校绿化用地面积比例等方面为区域优质均衡发展提供数据监测预警服务。

（6）智慧体育监测应用

平台整合区健康管理平台和健康成长档案信息化系统的学生体检数据、近视情况、肥胖情况，以及《国家学生体质健康标准》测试成绩、体育课成绩、参加体育活动和比赛等数据，基于教育事业统计原始数据的整理和分析，针对体质健康、体检卫生、学生学业、办学条件按指标体系进行分类和评价，通过教育数据可视化大屏形成具体的数据展示，支持精准管理。智慧教育决策大屏——体卫科数据如图 4-21 所示。

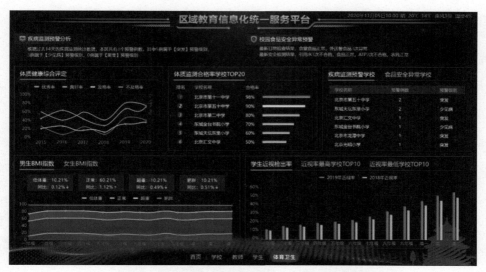

图 4-21　智慧教育决策大屏——体卫科数据

### 4.3.3　案例：阿里云教育数字基座

阿里云教育数字基座解决方案是依据教育公共服务行业特征、面向教育相关部门和学校设计开发的教育基础设施操作系统和生态底座，通过整合入口、完善组织、丰富应用、互通数据，应用于构建结构优化、集约高效、安全可靠的教育新型基础设施

体系，整体建设教育公共服务行业云，统一权威组织用户体系，构建应用开发平台、教育统一工作台、教育专属应用市场、采集与共享的数据交换平台等，解决教育系统分散建设过程中账号不统一、数据不通、应用效率不高等问题，助力区域教育高质量发展。

### 1. 总体架构与功能

该解决方案包含基础设施体系、基座支撑体系、业务应用体系及多端对接体系。总体架构图如图 4-22 所示。该方案旨在引领行业云、应用支撑体系、数字校园、教育大数据仓等教育行业新型基础设施建设。教育公共服务行业云基础设施能力按照"3+1+1"模式构建，包含 3 个资源专区、1 个管控模块、1 个运营模块；基于教育行业云构建教育大数据仓，实现各类教育数据资源的集成汇聚，促进不同地区、不同层级之间教育数据的贯通共享，驱动业务创新、服务创新、管理创新；组织中枢为各级教育系统提供统一集中的组织管理和身份权限服务能力，连接组织、成员和应用；应用中枢是为统一审核、统一分发、多端上架的教育应用管理体系，主要包含应用开发平台、应用市场以及统一工作台；数据中枢提供教育数据从采集、存储、加工到分析的全过程能力，实现教育数据在省、市、县、校之间的共享。

图 4-22　总体架构图

### 2. 应用环境与技术特点

该解决方案部署架构较为灵活，比较常见的有基于阿里云客户专属账号部署架构

（核心的应用中枢、组织中枢、数据中枢统一部署到客户账号的专属阿里云环境）或基于客户本地环境专有云部署版本（客户本地机房需要部署阿里专有云的基础技术设施）。该方案具有高效的定制和扩展能力，由于面向的学校客户比较多，每个学校的客户都可能提出个性化诉求；具有高性能大数据检索和处理能力，保障多方数据快速汇总、分析，形成一致性标准，最大程度解决组织数据不准确、不一致等问题；同时提供了完备的开放平台能力，可以帮助客户快速构建自己专属的安全、高效、个性化的开放平台。

### 3. 应用案例与成效

阿里云教育数字基座解决方案已在浙江、上海等地落地深度使用，截至 2022 年，已向 2100 个教育机构和 21 万所学校提供教育数字化服务。

依托阿里云教育数字基座和浙江省一体化智能化公共数据服务平台，浙江"教育魔方"面向全省所有学校和教育相关部门设计开发支持教育数据感知、数据共享和数据计算的基础支撑系统，该系统聚焦"教育大脑""智慧学校""未来社区"等核心应用场景，以汇聚个人学习数据和建立电子学习档案为基础，实现面向全省教育行业关联用户的教育大数据服务，形成"一地创新、全省受益"的数字教育应用新生态。通过一年的建设与运营，"教育魔方"在省厅、地市区县教育局、各级各类学校及公民学习领域均取得了一些阶段性的成果：建成省 – 市 – 区 – 县 – 校五级教育智治一张图，完成全省 15094 个教育局机构覆盖接入，为全省 629629 位教师和 8899115 名学生提供服务，已整理各类数据 106492608 条，形成教育行业模型 78 个，助力教育厅提高整体智治能力；建成教育魔方应用市场和运营平台，构建精准教学、智慧管理、家校沟通等 36 类应用，完成 578 个生态应用接入上架，共产生 386 个应用订单，应用生态初步构建；赋能区域教育行政部门，已完成全省 11 个地市 93 个区县教育局覆盖接入，支持全省各地市教育局优化资源配置；赋能各级各类学校，重点解决学校在数字化建设中对各个应用入口统一、相互集成、数据汇聚的技术性难题，全省已有 3000 所学校接入了"教育魔方"服务。

# 4.4 科学研究

## 4.4.1 科学研究大数据的概念及应用

我国相继发布了《科学数据管理办法》《国家科技资源共享服务平台管理办法》，旨在规范管理国家科技资源共享服务平台，推进科技资源向社会开放共享，提高资源利用效率，加强和规范科学数据管理工作。多个省市、机构先后发布了相关实施细则。2019 年 6 月 5 日，科技部、财政部联合发布了国家科技资源共享服务平台优化调整名单的通知，共形成 20 个国家科学数据中心和 30 个国家生物种质与实验材料资源库。国家科学数据中心承载着国家科学数据顶层设计实施重大使命，以及资源汇聚整合、资源开发应用与分析挖掘等工作的方向性布局，对全国的科学数据工作起到示范性引导作用。可以说，国家科学数据中心既是当前国家创新体系的基础要素，又是国家创新体系的重要引擎之一，也是变革未来创新模式的重要推手。

中科院"十四五"期间部署了科学大数据工程（三期），开展科学数据资源网络和科学数据流协同能力建设，促进科学数据跨中心流通和分析利用，让数据"活起来""动起来""用起来"，赋能数据密集型科研范式、融合科学范式，激发科学数据资源价值，服务科研创新。

当前的科学研究往往需要多学科数据的综合支持，科研人员找数据常常"东奔西走"，解决重大科学问题时，更是需要"集团作战"。例如，在黄河流域生态保护研究中，研究人员需要利用分布于若干沿黄机构的遥感、生态、气象、农业、经济数据资源及分析模型，构建综合性的数据专题及研究模型。如何打造科学数据的合力，让数据、计算协同起来，是进一步发挥科学数据价值的重要挑战。为此，中科院科学数据流协同能力建设构建了一种端到端的科学数据协同分析框架 BigFlow。以草地地上生物量的跨中心协同分析案例为例，通过内蒙古台站、国家生态科学数据中心、海北站获取可互操作和可移植的数据与算法元数据，通过 BigFlow 科学数据协同分析框架，计算草地地上的生物量。BigFlow 科学数据协同分析框架如图 4-23 所示。

通过"移动代码不移动数据"的方式，实现海量科学数据的本地化分析；通过跨中心任务调度机制，实现对多中心分析结果的综合分析，从而兼顾分析效率和复杂多学科跨领域场景需求，让科学数据有序流转；通过构建这一关键科学大数据公共服务，促进多学科跨领域科学数据资源融通，提升科学数据利用率，保障重大科研课题的研究效率。

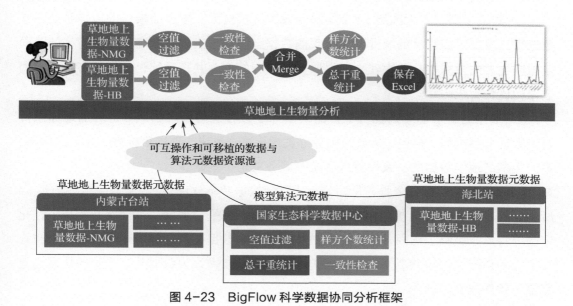

图 4-23　BigFlow 科学数据协同分析框架

### 4.4.2　案例：国家地球系统科学数据中心

地球系统科学数据是支撑地球系统科学和全球变化创新研究的重要基础，也是社会经济发展决策的科学依据。长期以来，我国缺乏可真正运行的地球系统科学数据共享平台，造成了数据资源的重复投资和浪费，严重影响了我国地学创新研究水平，减缓了地学大国向地学强国迈进的步伐。由于地球系统科学数据具有分散、海量、多源、异构和时空特征明显等特点，其共享尤其复杂和困难，已经成为地学研究领域重要的国际前沿。

通过地球科学、计算机科学技术、天文学等领域的 40 多个单位 400 多名学者 10 多年的协同研究，突破了分散科学数据持续共享的机制，攻克了分散、多源、异构地球系统科学数据的集成方法、标准规范和关键技术，我国地球系统科学数据共享国家平台——国家地球系统科学数据中心建成并运行，提供了持续的数据共享服务。

（1）共享平台建设

国家地球系统科学数据中心共有青藏高原分中心、新疆与中亚分中心、黄土高原分中心、黄河中下游分中心、东北平原分中心、长江三角洲分中心、南海及邻近海区分中心、极地分中心等分布式区域数据中心。

1）开拓性建成并业务化运行由 1 个总中心、14 个分中心构成的一站式地球系统科学数据共享国家平台。在全国 84 个科学数据共享网站中综合排名首位。建立了保障国家平台发展的数据持续集成、质量控制和安全运行的机制、管理与技术体系。

2）建成了涵盖 5 大圈层 18 个学科的我国规模极大、覆盖面极广的地球系统科学数据库。发展了高精度的统计和定位观测数据空间化方法，以及高时空分辨率的陆面数据同化方法及系统。首次建立了以服务为核心的模型共享系统，实现了多源、异构数据的优化集成与动态共享。

3）率先提出了地球系统科学数据共享标准参考模型。研制了可扩展的地球系统科学数据分类编码、描述，集成与服务等关键标准，形成 5 项国家标准，为不同学科、不同类型的地学数据的一致性集成和统一服务奠定了基础。

4）自主研发了首套全服务化的分布式科学数据共享软件，共享服务平台如图 4-24 所示，具有海量数据动态管理、站点故障自恢复、跨平台部署、可二次开发与个性化定制等特点，填补了国内外空白。突破了海量地学数据高效存储与优化检索、分布式安全统一访问、网络共享知识产权保护等三大关键技术，为数据共享系统的快速构建奠定了软件技术基础。

图 4-24　国家地球系统科学数据中心共享服务平台截图

（2）平台应用成果

截至 2020 年，国家地球系统科学数据中心注册用户总量达 13.5 万人，网站浏览量（PV）超过 3.77 亿次，已开放共享数据集 3.5 万余个，数据资源量超过 2.14PB。通过多元服务模式为用户提供多方位、全面的优质服务，已拥有一批稳定的数据用户群，用户覆盖 150 多个国家。

国家地球系统科学数据中心按照"圈层系统—学科分类—典型区域"多层次开展数据资源的自主加工与整合集成，已建成涵盖大气圈、水圈、冰冻圈、岩石圈、陆地表层、海洋以及外层空间的 18 个一级学科的学科面广、多时空尺度、综合性国内规模最大的地球系统科学数据库群，建立了面向全球变化及应对、生态修复与环境保护、重大自然灾害监测与防范、自然资源（水、土、气、生、矿产、能源等）开发利用、地球观测与导航等多学科领域主题数据库 115 个。

### 4.4.3　案例：国家基因库生命大数据平台

国家基因库生命大数据平台（China National Gene Bank Data Base，CNGBdb）是一个为科研社区提供生物大数据共享和应用服务的统一平台（Scienceasa Service），基于大数据和云计算技术，提供数据归档、计算分析、知识搜索、管理授权和可视化等数据服务。CNGBdb 由深圳国家基因库（以下简称"国家基因库"）倾力打造，是国家基因库样本和数据资源开放共享的统一平台，提供科学研究中数据资源开放共享服务，如数据汇交管理、数据在线分析等；同时提供样本资源开放共享服务，如样本共享展示和样本共享申请。

国家基因库生命大数据平台首页如图 4-25 所示。

图 4-25　国家基因库生命大数据平台首页

（1）国家基因库数据源

CNGBdb 基于国家基因库的数据源，及外部的 NCBI、EBI、DDBJ 等数据源，遵循 INSDC、DataCite、GA4GH、GGBN、ACMG 等国际标准联盟标准，构建了覆盖文献、基因、变异、蛋白等数据结构，提供数据归档、查询检索、计算等数据共享和应用服务，通过 CNGBdb 搜索建立索引，并将这些数据与样本甚至样本活体相关联，从而实现数据从活体到样本再到信息数据全过程的可追溯性，达成综合数据的全贯穿。国家基因库数据源如图 4-26 所示。

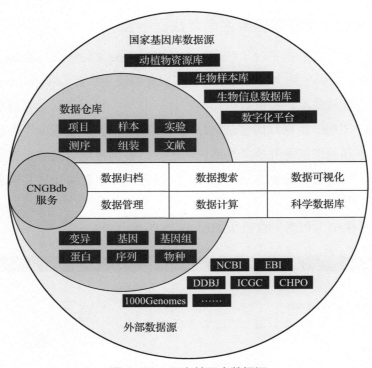

图 4-26　国家基因库数据源

（2）平台应用成果

作为服务于国家战略的重大科技基础设施之一，在国家基因库，样本资源存储、测序数字化、数据存储分析一线贯穿，确保生命科学探索能得到全方位的支撑。

1）2022 年，国家基因库快速推进"存""读""取"工具和技术更新迭代，超高通量测序平台、超低温自动化存储体系等一系列工具和技术在这里进行示范应用探索，进一步打造大平台领先的 BT+IT 融合技术基座，如图 4-27 所示。平台效率持续提升，持续 PB 级高质量数据产出，行业领先；数据库集群存储，高效稳定，IT 产能提升。

图 4-27 国家基因库技术

2）2022 年，国家基因库开展科研项目合作百余项，支撑时空组学、哺乳动物进化、非人灵长类动物细胞图谱、植物基因组图谱、肠道微生物、DNA 存储等方向的重要研究成果，发表于《细胞》（*Cell*）、《科学》（*Science*）、《自然》（*Nature*）及其子刊等国际权威学术期刊；CNGBdb 累计访问量已突破 1000 万，累计总数据量 9356TB，支撑高质量科研文章发表，涉及杂志 330 家，如图 4-28 所示。

图 4-28 科研成果

3）大数据驱动新范式，支撑前沿科技创新。围绕时空组学科领域趋势，坚实基础性、前瞻性和交叉性研究创新，支撑和服务基础科学研究，2022 年国家基因库和深圳华大生命科学研究院共同发布时空组学数据库 STOmicsDB，打造从样本、测序、分析到科学数据归档展示全贯穿的新范式。该数据库集成自主设计的全球首个时空组数据归档标准以及汇交系统，收录 1000 多张时空切片数据、140 个时空组数据集以及 6 个专辑数据库，"一站式"赋能时空组学研究。

# 4.5 金融领域

## 4.5.1 金融领域大数据的概念及应用

如今，"数字蝶变"席卷金融行业各个领域。大数据技术逐渐向金融领域各个业务场景进行深入渗透，带来了整体效率的提升以及服务模式的转变，促进了金融领域的创新发展。

### 1. 大数据在银行业的典型应用

主要体现在智能营销、风险防控、供应链金融管理等领域。在精准的用户画像基础上，银行通过金融大数据能够开展有效的智能精准营销，对用户流失进行预警，深层次理解用户特征和风险偏好，智能预测用户需求，进行交叉和个性化推荐等。金融大数据在风控中的应用主要体现身份验证、授权、贷中监控等环节，协助整合企业内外部数据，对数据进行实时动态挖掘，更准确估算用户价值、信用额度和预测违约概率等。供应链金融授信主体是整个链条，银行将金融大数据应用在供应链金融中，可以根据企业间关联以及企业法人和股东的关联关系，挖掘企业关系图谱，有利于供应链金融的风险控制和企业关系分析。

### 2. 大数据在证券业的典型应用

主要体现在股价预测、用户关系管理等领域。随着大数据技术在证券业的应用，对非结构化的数据以及结构化的数据都能进行收集和分析，使得对于市场情绪分析变为可能，实现股价预测的辅助决策。通过对用户的账户状态、交易习惯、风险偏好等进行对用户聚类和细分，为用户提供个性化服务；通过历史数据进行建模对用户流失进行预警。

### 3. 大数据在保险业的应用

主要体现在骗保识别、精细化运营等领域。通过金融大数据结合企业数据，保险企业能够对于保险欺诈进行建模，从而能够较为准确分析和预测欺诈等非法行为。借助金融大数据可为用户提供个性化解决方案，进行用户关联销售、流失用户预警、潜在用户挖掘、用户生命周期管理等。

### 4.5.2　案例：蚂蚁金服数巢大数据智能服务平台

数据的质量和数量成为影响金融大数据模型以及数据分析效果的重要影响因素，因此通过数据共享扩充数据量，从而提升模型效果的需求也变得越来越强烈。但数据共享问题重重，如何在满足用户隐私保护、数据安全和政府法规的要求下进行数据联合使用和建模，成为行业面临的难题。顺应时代发展，在国家推动"数据共享"的背景下，金融行业数据的整合、共享和开放正在成为趋势，给金融行业带来了新的发展机遇和巨大的发展动力。

（1）平台建设

蚂蚁金服数巢大数据智能服务平台（以下简称：数巢智能服务平台）可以在安全、可信、公允的数据环境中完成数据共享，解决了数据共享与隐私数据保护的问题；并能够提供数据交换、数据连接、数据加工、数据挖掘等一站式数据服务能力，覆盖了大数据探索和研究的全链路需求。

数巢智能服务平台的技术架构如图 4-29 所示。基于数巢智能服务平台实现跨机构数据共享的架构图如图 4-30 所示。

图 4-29　数巢智能服务平台的技术架构

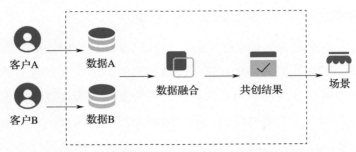

图 4-30　基于数巢智能服务平台实现跨机构数据共享的架构图

（2）平台优势

1）数据集成工具。对繁乱的业务数据进行聚类加工，形成模型探索、报表分析可用的数据仓库。

2）数据融合工具。以大数据计算能力为基础，使用专利技术实现多方数据融合，实现共享共创。

3）分析平台工具。多数据源集成，可拖拽图标控件，分级权限管理，简单4步构建数据门户。

4）机器学习工具。各类模型预测、关系挖掘、文本分析及图谱语音识别等数据场景均可支持。

5）决策服务工具。业务决策规则实时部署，拖拽操作、技术解耦、标准接口实现快捷上线。

（3）平台应用效益

1）在银行业应用中，数巢智能服务平台搭建了一套基于多方安全计算技术下的数据融合、联合建模以及模型发布一体化平台方案，为蚂蚁微贷与银行的合作提供更完备的大数据风控能力支持。该联营合作模式在具备用户端授权、隐私数据受保护的前提下，实现双方丰富变量的融合建模，帮助银行提升了风控效果以及数据处理的能力，符合政策监管要求，助力行方实现科技自主。

2）在保险行业应用中，数巢智能服务平台为蚂蚁保险与传统保险公司的联合运营提供精准权益策略，提高风险识别率的安全合规共享环境，孵化的车险分应用可以显著提升车险的差异化权益能力，在通过购险前的用户授权条件下，帮助保险制定更好的销售策略。从车险定价模型实际评测的效果看，通过双方和其他合作方数据，车险分"从人"（从车主信息）因素能够细分不同风险的用户，对车主进行精准画像和风险分析，实现"千人千面"的精准权益策略。

### 4.5.3　案例：招商局通商融资租赁有限公司数据治理项目

招商局通商融资租赁有限公司（简称"招商租赁"）是招商局集团全资子公司。公司有三个"世界一流"——港口综合服务商、超级油轮船队、海工装备制造商，以及四个"全国领先"——特色金融服务商、城市与园区综合开发运营商、高速公路投资运营服务商、全供应链物流服务商。

#### 1.项目背景

在大数据时代，数据跟实体一样变成了生产资料的一部分，被视作现代企业的重要资产，对企业的发展起着至关重要的作用。而在租赁行业，这一重要性变得尤其突出。

租赁行业是集金融、贸易、服务于一体的知识密集型产业，分为金融租赁和融资租赁，两者尽管监管机构不一样（金融租赁由银监会审批和监管，融资租赁公司由商务部审批和监管），但行业模式和业务操作原理基本类似，对大环境所作出的判断和应对也交织在一起。

#### 2.项目痛点

（1）数据资产不清晰

尽管数据是资产，但很多租赁公司都不了解自己的数据，比如有哪些数据，可以带来什么价值，通过什么手段进行挖掘等。

（2）数据质量不高

数据质量太差，影响了正常的业务判断，比如风控把握不准确、预测失误等。

（3）业务与开发协作不同步

业务对数据提出了更高的要求，需要明确大数据是什么，怎样能够发挥更高的价值。

（4）业务系统缺少统一标准

企业系统建设所依赖的厂商不同，系统遵循的规范也不同，这导致了系统产生的数据存在命名不规范、编码不规范等情况。

#### 3.项目建设内容

招商局融资规划大数据战略方案，"实行数据治理、建设数据仓库、逐步按需推进数据应用落地"，开展"数据治理及数据仓库项目"建设，以统筹规划、分阶段实施的策略开展，逐步实现"用数据说话、用数据决策、用数据管理、用数据创新"的经营目标。项目采用"分阶段、有侧重、体系化推进"等原则进行建设，主要包括以下建设内容。

（1）数据治理方面

协助建立数据治理组织架构、梳理数据标准，协助开展数据质量提升工作。

（2）数据仓库方面

搭建基础数据平台，实现数据标准落地，并依据具体业务领域开发数据集市。

（3）数据应用方面

实现管理驾驶舱建设及内部工作报表建设，未来可扩展监管报送应用。

### 4. 项目效益

在项目实施过程中，数据标准产品对分散在各系统中的数据提供一套统一的数据命名、数据定义、数据类型、赋值规则等定义基准，并通过标准评估确保在复杂数据环境中维持企业数据模型的一致性、规范性，从源头确保数据的正确性及质量，并可以提升开发和数据管理的一贯性和效率性。

项目共梳理了 580 多项基础数据项标准及 140 多项指标数据项标准，建设完成了数据仓库及管理驾驶舱，直观展现数据治理成果。

## 4.6 公共服务

### 4.6.1 公共服务大数据的概念及应用

公共服务大数据是指通过对公共服务领域中产生的大量数据进行采集、存储、处理和分析，从中挖掘出有价值的信息和知识，为政府和社会提供决策支持和服务优化的一种数据应用方式，为"脱贫攻坚战"等国家战略提供有效数据支撑。公共服务大数据的应用范围非常广泛，包括但不限于城市管理、公共安全、医疗卫生、教育文化、社会保障等领域。下面以政府治理和公安警务工作为例，说明大数据的应用价值。

### 1. 政府治理

大数据技术的发展为增强政府治理能力提供了非常重要的技术手段。将大数据技术运用到政府治理过程中，这是信息时代发展的必然要求，也是提升政府治理能力的必然选择。

大数据技术可以增强政府决策过程的现代化和科学化，提高政府的决策水平；能够助力政府公共服务高效化，提升政府公共服务能力；可以提高政府治理的精准性，使政府更好履行现代政府职能；有助于政府治理体系中多中心协同治理局面的实现，从而提高政府治理的效能。

**拓展阅读**

2023 年，中共中央、国务院印发了《数字中国建设整体布局规划》，从党和国家事业发展的战略高度，提出了新时代数字中国建设的整体战略。

2022 年，国务院印发了《关于加强数字政府建设的指导意见》，提出加强数字政府建设是适应新一轮科技革命和产业变革趋势、引领驱动数字经济发展和数字社会建设、营造良好数字生态、加快数字化发展的必然要求，是建设网络强国、数字中国的基础性和先导性工程，是创新政府治理理念和方式、形成数字治理新格局、推进国家治理体系和治理能力现代化的重要举措。

2022 年，国务院办公厅印发了《全国一体化政务大数据体系建设指南》，整合构建标准统一、布局合理、管理协同、安全可靠的全国一体化政务大数据体系，加强数据汇聚融合、共享开放和开发利用，促进数据依法有序流动。

这一系列重大决策部署全面赋能创新驱动的数字经济、高效协同的数字政务、普惠便捷的数字社会、自信繁荣的数字文化、绿色智慧的数字生态文明，提升国家治理体系和治理能力现代化水平。

**2. 公安警务**

大数据在公安警务工作中的应用价值主要体现在以下几个方面。

（1）在社会服务方面

通过对社会治安总体状况、需求等大数据分析，预测警力的总量需求，分段用警、区域调剂，进而实现管理智能化。

（2）在指挥调度方面

建成"情报、指挥、勤务"一体化警务指挥联动平台，利用大数据分析研判警力部署、目标轨迹、案件热点、警情态势等，实现点对点调度、扁平化指挥，缩短响应时间。

（3）在警务预测方面

将各警种、各部门的案件登记信息汇集，进行以人、地、事、物、组织等五要素为关联的大数据分析处理，更好地洞察社会治安发展态势，合理布警，预防犯罪。

（4）在打击犯罪方面

通过犯罪时空轨迹分析等技术深度分析案件特点，以及对 DNA、指纹、音频等数据的处理、比对和分析，实现精确打击犯罪。

公安机关已经逐步建立了完善的公民身份信息库、指纹库、档案库。通过对社会公共管理大数据进行科学分析，可以找到城市治理中的薄弱环节，如社会治理盲区、事故高发区域等；还可以科学划分城市不同区域的安全等级或风险等级，从而科学决策和指导城市级公共安全建设。人工智能技术提高了数据解析和挖掘的精细度以及准确性，使得大量有效数据为社会公共安全领域服务，将公共安全事务变得可视化、透明化，提升了公共安全管理的效率，有效抑制了潜在的公共安全危害，为实现高效精细的城市级社会综合管理打下基础。

### 4.6.2 案例：咸阳市精准扶贫大数据平台

党的十八大以来，习近平总书记站在全面建成小康社会、实现中华民族伟大复兴中国梦的战略高度，把脱贫攻坚摆到治国理政突出位置，并提出了"六个精准"，即扶持对象精准、项目安排精准、资金使用精准、措施到户精准、因村派人精准、脱贫成效精准，确保各项政策好处落到扶贫对象身上。

咸阳市积极响应国家号召，将脱贫攻坚作为首要政治任务和第一民生工程，大力推进精准扶贫，打造了全市统一的"精准扶贫大数据平台"，解决了扶贫基础数据掌握不全面、扶贫对象识别不准确、帮扶施策不科学、缺乏动态监管和智能分析等问题，脱贫工作取得显著成效。咸阳市精准扶贫大数据平台业务场景如图 4-31 所示。

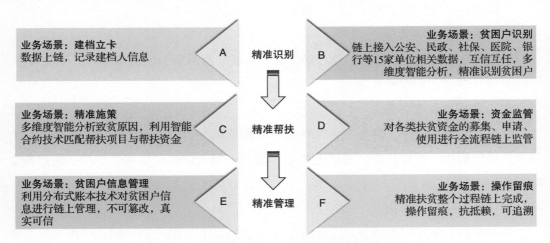

图 4-31　咸阳市精准扶贫大数据平台业务场景

（1）平台的大数据标准体系研究与建设

为实现"六个精准"，咸阳市精准扶贫大数据平台一方面需要采集全市各类扶贫基础数据，另一方面需要汇聚公安、财政、教育、人社、卫生、民政、住建、国土等相关部门业务数据，再将两类数据进行比对，围绕咸阳市建档立卡贫困户进行逐人核查，从而发现存在矛盾数据的贫困户，并将这些问题分发到镇到村，安排人员跟踪核查问题，确保实际情况与"国网系统"记录、纸质档案、贫困群众口述、帮扶队员掌握情况"五个一致"。处理后的数据将汇聚到精准扶贫大数据平台中，并通过数据看板展示。咸阳市精准扶贫大数据平台界面如图 4-32 所示。

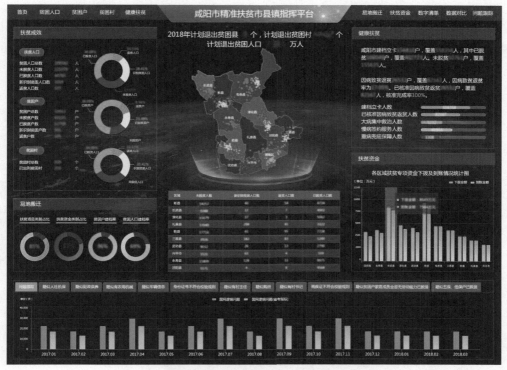

图 4-32　咸阳市精准扶贫大数据平台界面

在贫困户筛查的过程中，大数据发挥了核心作用。但平台中的数据来源广泛，存在多源异构的问题，数据重复、数据错误、数据不一致等冲突现象明显，需要一套统一的标准体系来予以规范，实现数据有效处理、交换、共享与应用等。因此，咸阳市在参考《信息技术 数据质量评价指标》等国家标准的基础之上，建设了信息资源、接口和安全三大类标准。其中，信息资源类标准包括《数据分类与编码标准》《核心元数据标准》《数据处理规范》《数据质量规范》等；接口类标准包括《数据交换共

享接口规范》《数据分析与应用接口规范》等；安全类标准包括《数据安全管理规范》等。这些标准为平台的数据采集、处理、存储与分析应用全过程提供了规范依据，为平台建设实施奠定了基础。

（2）基于标准的创新应用

围绕"精准识别、精准投放"的工作思路，平台将陕西省政务云平台区块链数据服务引入精准扶贫，各部门数据无须上传至中心数据库，使用沙盒模式比对数据，结果获取后沙盒数据自动销毁，最大程度保障数据安全使用，保证数据权属不变。

同时，对"精准扶贫"从认定、帮扶，到施策、脱贫的全流程都记录在区块链上，不可篡改，方便业务部门对扶贫工作全面监管，防止弄虚作假、徇私舞弊。针对贫困原因，对扶贫资源进行针对性按需投放，从根本上缓解致贫因素；扶贫资金的使用可追溯，使扶贫更加精准、高效、透明、公正。咸阳市精准扶贫大数据平台逻辑架构如图 4-33 所示。

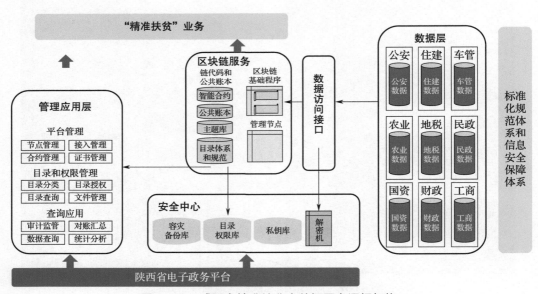

图 4-33 咸阳市精准扶贫大数据平台逻辑架构

（3）平台实施效果

通过精准扶贫大数据平台的应用，咸阳市将社保、工商、税务、银行、公安等15 个部门的 67 项数据上链，实现扶贫信息全程可溯、可管、可控，精准定位贫困户42155 户，贫困人口 123379 人；实现扶贫资金低成本、高效率覆盖；通过人工智能筛选比对，发现问题数据 55577 条，与扶贫办等部门对接反馈相关结果，全面核查整改。2017 年全年实现精准脱贫 11758 户，44783 人。政务云＋区块链＋人工智能的数据共享应用模式，服务了咸阳近 500 万人口，市县镇三级 720 多个部门，起到了积极推动和促进为民服务水平、提升社会治理能力的双重作用。

### 4.6.3　案例：广州市公安局大数据平台

广州市公安局大数据平台汇集来自公安、政务、社会不同层面的海量数据资源，实现了公安网、政务网、互联网、物联网等各类信息资源的汇集和整合，形成了跨业务领域的人、地、事、物、组织等多种维度公共数据集合的统一视图。在服务层面上，实现了跨警种、跨区域、跨部门的信息共享机制，为情报、刑侦、治安等各个业务警种提供实时、全方位的信息资源服务支撑。在应用层面上，实现了综合查询、全文检索、各类电子档案、人员轨迹分析、可视化情报分析等基础大数据应用功能，并建立灵活的大数据自助式分析机制，使数据资源得到有效的利用。该项目在数据资源标准化归集与应用、大数据标准体系与服务体系建设、大数据资产管理等方面进行了探索，具体体现在以下五个方面。

（1）以数据标准指导大数据体系建设

广州市公安局大数据平台建设之初即将标准体系建设的重要性提升至首要地位，提出"标准先行"的要求。项目建设初期开展了深入的数据资源及标准体系的调研工作，梳理了公安信息数据种类与平台标准规范，参考国标及公安行业标准，对广州市公安局各警种、各系统所使用的数据字典进行归纳整理，建立了广州公安数据资源目录和平台标准规范体系。在建设过程中实现了地市数据标准化平台和省厅数据标准化平台的对接及双向的标准同步机制的建立，实现部、省、市三级标准的联动体系，并建立了物联网、互联网数据资源整合及应用相关的标准规范，对数据元进行扩充。全面汇集情报、户政、刑侦、消防、交警等各业务部门的现有数据字典标准并进行梳理，按照国标、部标、行标、专业标准以及本地标准进行分类归并，面向全业务警种提供服务支撑。同时，建立了数据标准管理系统，对数据标准进行管理及维护。

（2）跨行业、跨领域、跨地域的海量数据一体化处理流程

广州市公安局大数据平台将公安、政务、社会不同层面的数据进行整合化、标准化、关联化、专题化，构成大数据资源库。平台将各类数据通过数据库抽取、文件交换等多种形式进行汇集，最终汇集的数据资源再通过数据资源汇集库汇集，并在此基础上构建可信关联库和业务专题库，为不同的应用场景提供数据服务。

在标准化的数据基础之上，广州市公安局对汇聚的海量数据资源进行了全面的数据可信化清洗与关联整合，数据资源汇集流程如图 4-34 所示。平台汇集的上千类、

几千亿条来自公安、政务、社会等不同来源的数据，包括来自市属相关部门社保、税务、工商等在内的几百类、上千亿的社会数据资源，并经过主数据分析与整合，形成人员、机动车、组织机构、地址资源、电话号码资源等主数据库，对原始数据资源存在的冗余、冲突、无效、错误数据进行了全面的分析，极大地提升了全局的数据质量。

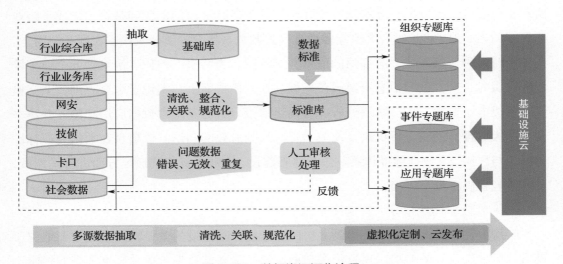

**图 4-34　数据资源汇集流程**

（3）以标准化、即开即用、安全可控的服务体系支撑业务应用

广州市公安局大数据平台通过对外统一的服务总线对所有服务进行统一管理，通过资源服务中心实现所有服务的对外共享和发布，并参考公安数据元标准，对服务接口进行了规范化设计，使所有的数据服务资源具备统一的规范。

该项目的对外开放服务接口包含数据统计、查询、比对、分析、可视化服务、应用集成等服务种类，覆盖市局、分局、派出所各级公安机关，以及网监、治安、情报、刑侦、出入境等多个业务警种和政府部门，支撑着出入境办证、无犯罪记录核查等重要业务应用。同时，建立了数据平台向其他业务警种以及政法网的各类线索推送体系，共享线索情报资源，并基于数据交换总线建立业务协同机制。完善对服务资源中心的服务资源管理流程，各个单位用户通过向服务资源中心申请，通过审批获得数据，应用服务资源。

（4）推动低价值的"数据"向高可信的"信息"的转化与提升

该项目建立了自助式的大数据分析机制和标签体系，将数据资源转化为知识，使资源得到了有效的利用。民警可登录平台开展自助式大数据分析；业务部门可通过拖拽的方式可视化定制大数据分析模型，根据需要在自助式大数据分析平台直接发布服务接口，在授权机制的支撑之上，开放给相应的业务系统进行调用。

标签体系以公安"五要素"信息模型体系理论为基础，结合警务工作的重点，从业务出发建立多个标签主题，并针对主题对象进行标签体系建设，进行多维度分析、快速分析用户特征、查询用户画像等。数据分析流程如图 4-35 所示。

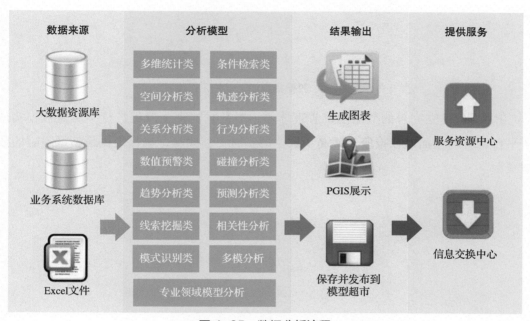

图 4-35　数据分析流程

（5）建立完善的大数据治理流程

广州市公安局大数据平台通过建立全局数据资源治理体系，实现对数据资产的全生命周期管理。以数据资产管理为核心，在数据管理和使用层面上进行规划、监督和控制，包括数据资产、数据标准、数据质量、数据安全、元数据、数据生存周期等管理。

1）通过规范化的数据治理保证数据资源的透明、可管、可控，完善数据标准的落地、形成完整的数据资源目录、规范数据处理流程、提升数据质量、保障数据的安全使用、促进数据流通与价值提炼。

2）通过建立数据资源加工链，每类新数据都需要经过来源登记、入库注册、数据清洗、服务配置、资源发布等加工环节，形成了流水线一样的工厂模式，大大提高了数据处理效率。数据资源加工链的工厂模式如图 4-36 所示。

图 4-36　数据资源加工链的工厂模式

　　3）通过建立完善的数据运维管理体系，对数据治理全过程进行实时监控，实现了平台运行的全面监控报警，提高了数据的实时更新频率，确保提供最新最实时的数据资源。

## 思考与练习

**【选择题】**

1. 大数据在智慧医疗中的应用可以带来以下哪些好处？（  ）

    A. 提高医疗效率　　　　　　B. 降低医疗成本

    C. 提高医疗服务质量　　　　D. 全部都是

2. 下列关于大数据在各领域应用的描述错误的是？（  ）

    A. 零售行业可利用大数据开展精准营销

    B. 医疗行业可利用大数据直接进行临床诊断

    C. 互联网行业可利用大数据进行社交网络分析

    D. 金融行业可利用大数据进行客户信用度分析

3. 以下论据中，能够支撑大数据无所不能的观点的是（  ）。

    A. 互联网金融打破了传统的观念和行为

    B. 大数据存在泡沫

    C. 大数据具有非常高的本钱

    D. 个人隐私泄露与信息安全担忧

4. 智慧城市的构建，不包含（  ）。

    A. 数字城市　　　　　　　　B. 物联网

    C. 联网监控　　　　　　　　D. 云计算

5. 智能健康手环的应用开发，表达了（  ）的数据采集技术的应用。

    A. 统计报表　　　　　　　　B. 网络爬虫

    C. API 接口　　　　　　　　D. 传感器

**【问答题】**

1. 作为学生，你在大数据智慧教育中有什么体验？

2. 大数据在科学研究中的应用如何推动科学创新？

3. 你体验过哪些大数据在电商领域中的应用？请举例说明。

# 第 5 章
# 大数据安全

在"互联网+"时代，人类大部分活动都开始与数据的创造、采集、传输、使用发生关系，大数据时代伴随着互联网的浪潮悄然而至。大数据通过对海量数据进行分析来获得有巨大价值的产品和服务。然而，大数据在收集、存储和使用过程中面临着诸多安全风险。作为大数据技术的伴生技术，大数据安全技术是我们在大数据时代保障安全的必不可少的技术。

## 知识目标

- 了解数据安全事件，掌握数据安全概述的基本定义。

- 了解隐私保护的意义，以及隐私保护机制的实际应用。

- 熟悉数据安全相关防护技术，以及大数据的正当使用。

## 科普素养目标

- 通过了解数据安全事件，树立正确的价值观。

- 通过对隐私保护的学习，强化自我保护意识。

- 通过对数据安全防护技术的学习，激发探索新知识的欲望。

# 5.1　数据安全概述

## 5.1.1　数据安全事件

数据安全事件是指组织或企业的数据受到非法、恶意或未授权访问、泄露、丢失、损坏等问题的情况。这些安全事件可能来自内部员工的错误或故意操作，也可能来自外部黑客的攻击。数据安全事件的后果可能会导致组织或企业的财务损失、品牌声誉受损、法律纠纷等问题。为了避免数据安全事件的发生，组织或企业需要制定完善的数据安全政策和安全管理措施，并进行安全培训和教育。

以下是一些国内外著名的数据安全事件案例。

（1）Facebook Cambridge Analytica 丑闻

Facebook 在 2018 年被曝光存在数据泄露问题。由于一些第三方应用程序的漏洞，这些应用程序可以收集用户的个人数据，并将其出售给 Cambridge Analytica 等政治咨询公司。这些公司利用这些个人数据来影响选民的态度和行为。

（2）万豪酒店数据泄露

万豪酒店集团在 2018 年中发生数据泄露事件，影响了约 5 亿客户的账户。黑客入侵了万豪的数据库，窃取了客户的姓名、电话号码、电子邮件地址、护照号码和信用卡信息等敏感信息。

（3）Equifax 数据泄露

美国信用评级公司 Equifax 在 2017 年遭到黑客袭击，泄露了超过 1.45 亿的客户数据，包括姓名、出生日期、社会保险号码、家庭住址和信用卡信息等敏感数据。

（4）Target 数据泄露

美国零售商 Target 在 2013 年遭到黑客攻击，泄露了超过 1100 万客户的信用卡信息和个人数据。攻击造成了该公司约 1.6 亿美元的损失，包括与数据泄露有关的调查和诉讼费用。

（5）勒索病毒 WannaCry

2017 年 5 月，勒索病毒 WannaCry 全球大爆发，至少 150 个国家、30 万名用户中招，造成损失达 80 亿美元，影响金融、能源、医疗等众多行业，造成严重的危机管理问题。

中国部分 Windows 操作系统用户遭受感染，校园网用户首当其冲，受害严重，大量实验室数据和毕业设计被锁定加密。部分大型企业的应用系统和数据库文件被加密后，无法正常工作，影响巨大。图 5-1 为勒索病毒 WannaCry 的攻击页面。

图 5-1 勒索病毒 WannaCry 的攻击页面

（6）西北工业大学遭美国安局攻击调查报告，窃取中国用户隐私数据

2022 年 9 月 5 日，国家计算机病毒应急处理中心和 360 公司分别发布了关于西北工业大学遭受境外网络攻击的调查报告。调查报告显示，美国国家安全局持续对西北工业大学开展攻击窃密，窃取该校关键网络设备配置、网管数据、运维数据等核心技术数据。

上述安全事件显示，无论是有组织、成规模、体系化的专业攻击团体，还是日益加剧的各类安全事件发生的频度和造成的危害程度，以及急剧增加的各级数据安全风险防护难度等，数据安全所面临的形势愈加严峻。

当前，各级组织数据化转型的战略规划与相对滞后的数据安全体系之间的不平衡，数据要素市场化、数据价值释放以及数据资产开放共享等多方面数据发展与数据安全要求之间的相对平衡，以及有组织犯罪团伙和国际政治对抗延伸至网络空间的各类高科技水平的威胁攻击与现有数据安全防护体系的有限投入和建设现状之间的矛盾等，使得数据安全事件高发。未来将会在更加激烈的对抗攻击中寻求数据的发展，通过相对的数据安全支撑数据管理与应用体系。

### 5.1.2 数据安全现状

中国信息通信研究院联合三十余家单位于 2021 年 9 月 1 日正式发起数据安全推进计划。该计划致力于促进数据安全技术交流，提升数据安全能力建设。根据该计划对企业数据安全能力建设驱动力的调研结果（见图 5-2），89.9% 的受访企业认为"合规需求"是开展数据安全能力建设的主要原因之一。可以看出，国家、行业、地方相继出台并完善的监管要求，为企业数据安全工作的开展指明了方向。与此同时，"防范数据安全风险"（79.8%）、"企业自身发展需要"（69.7%）也在受访企业中有较高占比。这表明随着数字经济的迅猛发展，数据安全在提高业务能力、提升发展水平方面的正向促进作用愈加明显，企业数据安全建设的主观能动性也逐渐提升。未来，数据安全建设的驱动力也将逐渐由单一的合规监管驱动转变为"监管"与"内生"的双重驱动。本节将介绍当前数据安全的现状，包括数据泄露、数据攻击、数据隐私等方面的内容。

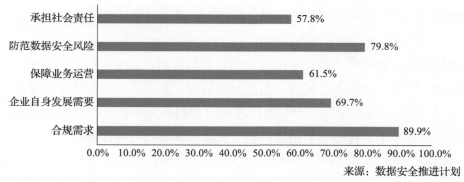

来源：数据安全推进计划

图 5-2　数据安全建设驱动因素

（1）数据泄露

数据泄露是指未经授权的个人或组织获取敏感数据的行为。数据泄露可能会导致个人隐私泄露、商业机密泄露、国家安全泄露等问题。数据泄露的原因包括技术漏洞、人为疏忽、恶意攻击等。

（2）数据攻击

数据攻击是指对数据进行恶意攻击的行为，包括计算机病毒、木马、蠕虫、黑客攻击等。数据攻击可能会导致数据丢失、数据篡改、数据破坏等问题，严重影响数据的完整性、可用性和机密性。

（3）数据隐私

数据隐私是指个人或组织对其个人信息的控制权和保护权。数据隐私问题包括个

人信息收集、存储、使用、共享等方面的问题。数据隐私泄露可能会导致个人隐私泄露、身份盗窃、信用卡欺诈等问题，严重影响个人权益和社会稳定。

（4）数据安全的挑战

当前，数据安全面临着多重挑战。首先，数据安全威胁日益复杂，攻击手段不断升级，传统的安全防护手段已经难以满足需求。其次，数据安全法律法规不完善，缺乏有效的监管和处罚机制。再次，数据安全意识不足，个人和组织对数据安全的重视程度不够，缺乏有效的安全管理和培训机制。

（5）数据安全的重要性

数据安全是现代社会的重要问题，对个人、组织和国家的发展都具有重要意义。首先，数据安全是保护个人隐私和权益的基础。其次，数据安全是保护商业机密和知识产权的重要手段。最后，数据安全是维护国家安全和社会稳定的重要保障。

### 5.1.3 数据安全的技术保障

数据安全的技术保障包括加密技术、访问控制技术、审计监控技术等。

（1）加密技术

加密技术是一种将明文数据转换为密文数据的技术，通过对数据进行加密处理，保护数据的机密性。常见的加密技术包括对称加密、非对称加密和哈希加密。

1）对称加密：是一种加密和解密使用相同密钥的加密技术，常用于对数据进行加密处理。对称加密的优点是加密速度快，但缺点是密钥管理困难。

2）非对称加密：是一种加密和解密使用不同密钥的加密技术，常用于对数据进行加密处理和数字签名。非对称加密的优点是密钥管理方便，但缺点是加密速度慢。

3）哈希加密：是一种将任意长度的输入数据转换为固定长度输出的加密技术，常用于对密码等敏感数据进行加密处理。哈希加密的优点是加密速度快，但缺点是不可逆。

（2）访问控制技术

访问控制技术是一种对数据访问进行控制的技术，通过对数据的访问进行授权和认证，保护数据的机密性和完整性。常见的访问控制技术包括身份认证、权限管理和访问审计。

1）身份认证：常用于对用户进行身份认证和授权，方式包括口令认证、指纹认证、人脸识别等。

2）权限管理：常用于对用户进行权限控制和访问授权，方式包括角色权限管理、访问控制列表等。

3）访问审计：常用于对用户访问进行记录和分析，方式包括日志审计、行为分析等。

（3）审计监控技术

审计监控技术是一种对数据访问进行监控和审计的技术，通过对数据的访问进行记录和分析，保护数据的机密性和完整性。常见的审计监控技术包括日志审计、行为分析和安全事件管理。

1）日志审计：是一种对系统日志进行监控和审计的技术，常用于对系统访问进行记录和分析。日志审计的方式包括日志收集、日志分析等。

2）行为分析：是一种对用户行为进行分析和监控的技术，常用于对用户访问进行记录和分析。行为分析的方式包括行为模式分析、异常检测等。

3）安全事件管理：是一种对安全事件进行管理和响应的技术，常用于对安全事件进行记录和处理。安全事件管理的方式包括事件响应、漏洞管理等。

### 5.1.4　数据安全的管理保障

数据安全推进计划调查显示（见图 5-3），44.1% 的企业组建了信息或网络安全管理部，11% 的企业组建了数据管理部，10.1% 的企业组建了数据安全管理部，还有 33% 的企业用业务部门、合规管理部或者其他部门去管理数据安全，仅有 1.8% 的企业没有组建相关部门进行数据安全管理。可以看出，企业的数据安全治理组织架构逐渐明晰。但由于数据与业务的密切相关性，企业内部开展数据安全管理工作仍存在挑战。

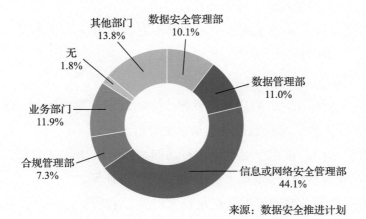

来源：数据安全推进计划

图 5-3　数据安全工作开展牵头部门

针对上述情况，企业应推动发挥业务部门的一线管理优势，强化内控、风险、法务等职能部门的支撑作用，优化多部门在数据安全管理方面的协作机制，有效提升企业数据安全管理的工作推进效率，推进数据安全工作联动落实。具体可从以下几个方面加以实施。

（1）安全管理制度

安全管理制度是一种对数据安全进行管理和控制的制度，可通过建立完善的安全管理制度和流程，保障数据的安全性和可用性。常见的安全管理制度包括安全政策、安全规范和安全流程。

1）安全政策：常用于对数据安全进行规范和指导，内容包括安全目标、安全责任、安全要求等。

2）安全规范：常用于对数据安全进行规范和指导，内容包括安全标准、安全措施、安全技术等。

3）安全流程：常用于对数据安全进行规范和指导，内容包括安全审批、安全备份、安全恢复等。

（2）安全培训和宣传教育

安全培训和宣传教育是一种提高个人和组织对数据安全重视程度的手段，通过对个人和组织进行安全培训和宣传教育，有利于提高其对数据安全的认识和意识。常见的安全培训和宣传教育包括安全意识培训、安全技术培训和安全宣传教育。

1）安全意识培训：常用于提高个人和组织对数据安全的认识和意识，内容包括数据安全意识、安全风险意识、安全责任意识等。

2）安全技术培训：常用于提高个人和组织对数据安全技术的掌握和应用，内容包括加密技术、访问控制技术、审计监控技术等。

3）安全宣传教育：常用于提高个人和组织对数据安全的重视程度，内容包括安全宣传海报、安全宣传视频、安全宣传手册等。

（3）安全管理工具

通过使用安全管理工具，可以提高数据安全的管理效率和精度。常见的安全管理工具包括安全管理系统、安全监控系统和安全备份系统。

1）安全管理系统：常用于对数据进行访问控制、审计监控和安全事件管理。安全管理系统的功能包括身份认证、权限管理、访问审计等。

2）安全监控系统：常用于对数据进行实时监控和预警。安全监控系统的功能包括安全事件监控、异常检测、行为分析等。

3）安全备份系统：常用于对数据进行备份和恢复。安全备份系统的功能包括数据备份、数据恢复、数据同步等。

### 5.1.5　数据安全的法律保障

数据安全的法律保障包括数据安全法律法规、数据安全监管和数据安全处罚等方面的内容。

（1）数据安全法律法规

数据安全法律法规是保障数据安全的重要手段，通过制定和实施数据安全法律法规，保障数据的安全性和可用性。常见的数据安全法律法规包括个人信息保护法、网络安全法、数据安全法等。具体如图 5-4 所示。

1）个人信息保护法：常用于保护个人隐私和权益，内容包括个人信息收集、存储、使用、共享等方面的规定。《中华人民共和国个人信息保护法》自 2021 年 11 月 1 日起施行。

2）网络安全法：常用于保护网络安全和信息安全，内容包括网络安全保护、网络安全监管、网络安全事件处置等方面的规定。《中华人民共和国网络安全法》自 2017 年 6 月 1 日起施行。

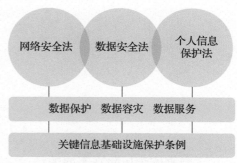

图 5-4　数据安全法律法规

3）数据安全法：常用于保护数据的机密性、完整性和可用性，内容包括数据安全保障、数据安全管理等方面的规定。《中华人民共和国数据安全法》自 2021 年 9 月 1 日起施行。

（2）数据安全监管

数据安全监管通过对数据安全进行监管，保障数据的安全性和可用性。常见的数据安全监管包括数据安全评估、数据安全检查和数据安全审计。

1）数据安全评估：常用于评估数据安全的风险和安全性，内容包括数据安全风险评估、数据安全性评估等。

2）数据安全检查：常用于检查数据安全的合规性和完整性，内容包括数据安全合规检查、数据安全完整性检查等。

3）数据安全审计：常用于审计数据安全的合规性和完整性，内容包括数据安全合规审计、数据安全完整性审计等。

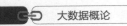

（3）数据安全处罚

数据安全处罚是通过对违反数据安全法律法规的个人和组织进行处罚，维护数据安全的权威性和严肃性。常见的数据安全处罚包括行政处罚、刑事处罚和民事赔偿。

1）行政处罚：常用于对违反数据安全法律法规的个人和组织进行罚款、责令改正等处罚。

2）刑事处罚：常用于对违反数据安全法律法规的个人和组织进行刑事处罚，如拘留、罚款等。

3）民事赔偿：常用于对因违反数据安全法律法规而给他人造成损失的个人和组织要求赔偿。

# 5.2　数据隐私保护

大数据安全风险在不同的场域中都有其不同的呈现方式，但是都会影响大数据的健康发展，对数据治理造成了严重的阻碍。

## 5.2.1　数据隐私保护的意义

随着大数据技术的发展，人们可以通过收集和分析大量的数据来获得更多的信息和洞见。然而，这种数据收集和分析也带来了隐私保护的问题。大数据隐私保护的意义具体如下。

（1）个人权利保护

隐私保护是保护个人自由、尊严和权利的重要手段，每个人都有权保护自己的隐私。如果没有隐私保护，就会导致个人隐私被曝光、个人权利受到侵犯，严重影响个人的生活和工作。

（2）信息安全保护

隐私保护有助于保障信息安全，避免个人敏感信息泄露、身份盗用、金融欺诈等问题。在数字化时代，个人信息的安全性已经成为一个重要的社会问题。

（3）商业利益保护

隐私保护还有助于保护企业商业利益，避免企业商业机密的泄露。在当今信息化时代，很多企业依赖数据来进行商业活动，如何保护数据安全成为企业面临的重要挑战。

（4）社会稳定保障

隐私保护有助于维护社会稳定和公正，避免隐私泄露引起的社会不满和矛盾。特别是在政府和公共机构的数据管理中，隐私保护是重要的社会责任，能够确保政府行为合法、公正和透明。

（5）创新和发展

隐私保护促进了技术的创新和发展，提高了技术开发的安全性和可靠性，推动了数字经济、人工智能等新兴产业的快速发展。

### 5.2.2　数据隐私保护存在的问题

随着时代的变化，隐私的概念和范围不断地溢出，并在大数据时代呈现数据化、价值化的新特征。以下是数据隐私保护存在的十大问题。

（1）大数据依托的非关系型数据库缺乏数据安全机制

从基础存储技术角度来看，大数据依托的基础技术是 NoSQL（非关系型数据库）。当前广泛应用的 SQL（关系型数据库）技术，经过长期改进和完善，在维护数据安全方面已经形成严格的权限访问控制和隐私管理工具。而在 NoSQL 技术中，并没有这样严格的要求。大数据的数据来源和承载方式多种多样，数据处于分散的状态，使企业很难定位和保护所有这些私密数据。NoSQL 允许不断对数据记录添加属性，其前瞻安全性变得非常重要，同时也对数据库管理员提出了新的要求。

（2）社会工程学攻击带来的安全问题

社会工程学攻击与其他攻击的最大不同是其攻击手段不是利用高超的攻击技术，而是利用受害者的心理弱点进行攻击。因为不管大数据多么庞大，都少不了人的管理，如果人的信息安全意识淡薄，那么即使在技术上防护手段已做到无懈可击，也没办法有效保障数据安全。由于大数据的海量性、复杂性，以及攻击目标不明确，攻击者为了提高效率，经常采用社会工程学攻击。

（3）软件后门

软件是 IT 系统的核心，也就是大数据的核心，所有的后门都可能是开放在软件上面的。据了解，IBM、EMC 等各大巨头生产制造的存储、服务器、运算设备等硬件产品，几乎都是全球代工的，在信息安全的监听（硬件）方面是很难做手脚的。换句话说，软件才是信息安全的软肋所在。软件供应方在软件上设计了特殊的路径处理，

测试人员只按照协议上的功能进行测试，很难察觉软件预留的监听后门。

（4）大数据存储问题

大数据会使数据量呈非线性增长，而复杂多样的数据集中存储在一起、多种应用的并发运行以及频繁无序的使用状况，可能会导致数据类别存放错位的情况，造成数据存储管理混乱或信息安全管理不合规范。现有的存储和安全控制措施无法满足大数据安全需求，安全防护手段如果不能与大数据存储和应用安全需求同步升级，就会出现大数据存储安全防护的漏洞。

（5）文件的安全面临极大挑战

文件是整个数据和系统运行的核心。大多数的用户文件都是在第三方的运行平台中存储和处理的，这些文件往往包含了很多部门和个人的敏感信息，其安全性和隐私性自然成为重要的问题。尽管文件的保护提供了对文件的访问控制和授权，例如Linux自带的文件访问控制机制，通过文件访问控制列表来限制程序对文件的操作，然而大部分文件保护机制都存在一定程度上的安全问题，它们通常使用操作系统的功能来实现完整性验证机制，因此只依赖于操作系统本身的安全性。但是对于网络攻击，操作系统才是最大的一个攻击点。

（6）大数据安全传输的问题

大数据安全传输的问题涉及通信网络的安全、用户兴趣模型的使用安全和私有数据的访问控制安全，既包括传统搜索过程中可能出现的网络安全威胁，比如相关信息在网络传输时被窃听，以及恶意木马、钓鱼网站等，又包括服务器端利用通信网络获取用户隐私的危险。

（7）大数据支撑平台云计算安全

云计算的核心安全问题是用户不再对数据和环境拥有完全且直接的控制权，云计算的出现彻底打破了地域的概念，数据不再存放于某个确定的物理节点，而是由服务商动态提供存储空间。这些空间有可能是现实的，也可能是虚拟的，甚至可能分布在不同国家及地区。

（8）大数据分析预测带来的用户隐私挑战

从核心价值角度来看，大数据的关键在于数据分析和利用，但数据分析技术的发展，对用户隐私带来极大的威胁。在大数据时代，想屏蔽外部数据商挖掘个人信息几乎是不可能的。

（9）大数据共享所带来的安全性问题

如何分享私人数据，既保证数据隐私不被泄露，又保证数据的正常使用，是一个难题。真实数据大部分不是静态的，而是越变越大，并且随着时间的变化而变化。

（10）大数据访问控制的安全性问题

访问控制是实现数据受控共享的有效手段。由于大数据可能被用于多种不同场景，其访问控制需求十分突出，难以预设角色，实现角色划分。由于大数据应用范围广泛，它通常要被来自不同组织或部门、不同身份与目的的用户所访问，实施访问控制是基本需求。然而，在大数据的场景下，有大量的用户需要实施权限管理，且用户具体的权限要求未知。面对未知的大量数据和用户，预先设置角色十分困难。

### 5.2.3　数据隐私保护机制

数据隐私保护是指对敏感的数据进行保护的措施。以下是常见的数据隐私保护机制。

1）数据加密：对于敏感数据，可以使用加密技术进行保护，确保只有授权的人才能访问数据。

2）匿名化：对于一些不需要关联到具体个人的数据，可以进行匿名化处理，去除个人身份信息。

3）访问控制：对于敏感数据，可以设置访问控制机制，只有授权的人才能访问数据。

4）数据脱敏：对于一些需要共享的数据，可以进行数据脱敏处理，去除敏感信息。

5）数据审计：对于数据的访问和使用，可以进行审计，记录数据的访问和使用情况，以保证数据的安全和合规性。

6）隐私协议：在收集个人信息时，可以与用户签署隐私协议，明确数据的收集和使用范围，以保护个人隐私。

7）数据删除：对于不需要保留的个人信息，可以及时删除，以避免数据被滥用或泄露。

## 5.3 数据安全防护技术

　　数据安全防护技术是指通过各种技术手段对数据进行保护，以确保数据的机密性、完整性和可用性，防止数据被非法访问、篡改、破坏或泄露。数据安全防护技术包括但不限于数据加密、防火墙、虚拟专用网络（VPN）、身份验证、安全审计、数据备份和恢复、漏洞扫描和修复、安全培训和教育等技术手段。这些技术手段可以在不同的层面和环节对数据进行保护，从而提高数据的安全性和可靠性，保护个人隐私和企业机密。

　　数据安全推进计划对企业数据安全技术的应用情况进行统计发现（见图 5-5），"数据防泄露工具"（67.9%）、"统一身份认证及权限管理工具"（67.0%）、"数据分类分级工具"（56.9%）和数据加密（56.9%）在企业的应用较为广泛。

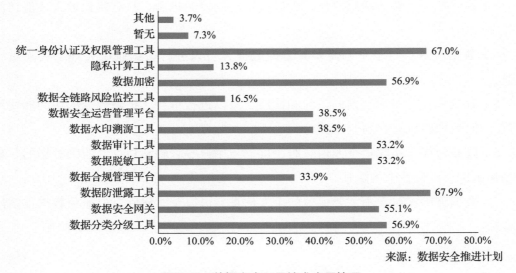

图 5-5　数据安全工具技术应用情况

　　从技术角度来说，数据分类分级能够帮助企业识别数据；统一身份认证及权限管理工具能帮助企业识别人员角色；数据防泄露工具则帮助企业进行识别之后的安全防护。可以看出，"识别"是数据保护的前提与基石，越来越多的企业开始以"识别"为中心，构建主动识别、提前预防、准确发现、及时响应的数据安全技术能力。

### 5.3.1　数据安全运维

数据安全运维是指通过各种技术手段和管理措施，对数据进行全面的安全管理和运维，以确保数据的机密性、完整性和可用性，防止数据被非法访问、篡改、破坏或泄露。数据安全运维包括以下几个方面内容。

1）数据备份和恢复：对数据进行定期备份，并建立完善的数据恢复机制，以防止数据丢失或被篡改。

2）安全审计：对数据的访问和使用进行审计，记录数据的访问和使用情况，以保证数据的安全和合规性。

3）漏洞扫描和修复：对系统进行定期的漏洞扫描和修复，以防止系统被攻击。

4）身份验证：对用户进行身份验证，确保只有授权的用户才能访问数据。

5）安全培训和教育：对员工进行安全培训和教育，提高员工的安全意识和技能，以防止人为因素导致的安全问题。

6）数据加密：对敏感数据进行加密处理，确保只有授权的人才能访问数据。

7）防火墙和网络安全设备：使用防火墙和其他网络安全设备对网络进行保护，防止未经授权的访问和攻击。

8）安全策略和管理：建立完善的安全策略和管理机制，对数据进行全面的安全管理和运维，确保数据的安全性和可靠性。

通过以上措施，数据安全运维可以有效地保护数据的安全和可靠性，防止数据被非法访问、篡改、破坏或泄露。

### 5.3.2　数据加密

数据加密是指通过使用密码学技术，将原始数据转换为密文，以保护数据的机密性和安全性。在数据加密过程中，原始数据被称为明文，加密后的数据被称为密文。只有掌握密钥的人才能解密密文，还原出原始的明文数据。数据加密可以用于保护各种类型的数据，包括文本、图像、音频、视频等。

常见的数据加密算法包括对称加密算法和非对称加密算法。对称加密算法使用相同的密钥进行加密和解密，加密速度快，但密钥管理较为困难；非对称加密算法使用公钥和私钥进行加密和解密，密钥管理相对简单，但加密速度较慢。

数据加密技术广泛应用于各种领域，如网络安全、电子商务、金融、医疗等，以保护数据的机密性和安全性。以下介绍数据加密在各个领域的应用。

（1）网络安全

网络安全领域的数据加密包括网络通信加密、网络数据加密、网络身份验证等方面的内容。

1）网络通信加密是指对网络通信过程中的数据进行加密，以防止数据被窃听和篡改。

2）网络数据加密是指对网络中的数据进行加密，以防止数据被非法访问和泄露。

3）网络身份验证是指对网络用户进行身份验证，以防止非法用户访问网络。

（2）电子商务

电子商务领域的数据加密包括电子支付加密、电子合同加密、电子邮件加密等方面的内容。

1）电子支付加密是指对电子支付过程中的数据进行加密，以防止数据被窃取和篡改。

2）电子合同加密是指对电子合同进行加密，以保护合同的机密性和安全性。

3）电子邮件加密是指对电子邮件进行加密，以防止邮件被非法访问和泄露。

（3）金融

金融领域的数据加密包括银行卡加密、证券交易加密、保险业务加密等方面的内容。

1）银行卡加密是指对银行卡进行加密，以保护银行卡的机密性和安全性。

2）证券交易加密是指对证券交易过程中的数据进行加密，以防止数据被窃取和篡改。

3）保险业务加密是指对保险业务进行加密，以保护保险业务的机密性和安全性。

（4）医疗

医疗领域的数据加密包括电子病历加密、医疗保险加密、医疗设备加密等方面的内容。

1）电子病历加密是指对电子病历进行加密，以保护病人的隐私和机密性。

2）医疗保险加密是指对医疗保险业务进行加密，以保护保险业务的机密性和安全性。

3）医疗设备加密是指对医疗设备进行加密，以保护设备的机密性和安全性。

### 5.3.3 数据脱敏

数据脱敏是指通过对敏感数据进行处理，使其无法被识别和关联到个人身份，以保护个人隐私和数据安全。

（1）脱敏方法

脱敏方法是指对敏感数据进行处理的方式，常见的脱敏方法包括替换、删除、加密、混淆等。

1）替换是指将敏感数据替换为其他数据，如将姓名替换为 "X" 或 "Y" 等。

2）删除是指直接删除敏感数据，如删除身份证号码等。

3）加密是指对敏感数据进行加密处理，如对电话号码进行加密处理。

4）混淆是指对敏感数据进行混淆处理，如对出生日期进行随机化处理。

（2）脱敏技术

脱敏技术是指实现数据脱敏的具体技术手段，常见的脱敏技术包括哈希算法、加密算法、掩码算法、随机化算法等。

1）哈希算法是一种将任意长度的输入数据转换为固定长度输出的算法，常用于对密码等敏感数据进行脱敏处理。

2）加密算法是一种将明文数据转换为密文数据的算法，常用于对银行卡号等敏感数据进行脱敏处理。

3）掩码算法是一种将敏感数据部分掩盖的算法，常用于对电话号码等敏感数据进行脱敏处理。

4）随机化算法是一种将敏感数据进行随机化处理的算法，常用于对出生日期等敏感数据进行脱敏处理。

### 5.3.4　大数据分析安全

大数据分析安全是指数据分析过程中，保护数据的机密性、完整性和可用性，防止数据泄露、篡改、丢失等。

#### 1. 个人信息防护

个人信息防护是指保护个人信息不被非法获取、使用、泄露、篡改或者销售的一系列措施。在当今信息化时代，个人信息已经成为一种重要的资产，因此个人信息防护显得尤为重要。个人信息包括以下几个方面。

1）基本信息：如姓名、性别、年龄、出生日期、身份证号码等。

2）联系信息：如电话号码、电子邮件地址、通讯地址等。

3）财务信息：如银行卡号、信用卡号、支付宝账号等。

4）健康信息：如病历、体检报告等。

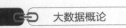 

5）其他信息：如社交网络账号、浏览记录等。

（1）个人信息泄露的危害

1）财务损失：个人财务信息泄露可能导致财务损失，如银行卡被盗刷等。

2）个人隐私泄露：个人隐私信息泄露可能导致个人隐私被侵犯，如个人照片、通讯录等被泄露。

3）信用记录受损：个人信用记录可能因为个人信息泄露而受到损害，如信用卡透支、贷款被拒等。

4）身份被盗用：个人信息泄露可能导致身份被盗用，如身份证被冒用、银行卡被盗刷等。

（2）个人信息防护的措施

1）加强个人信息保密意识：应加强个人信息保密意识，不随意泄露个人信息。

2）选择可信的网站和应用：应选择可信的网站和应用，避免使用不安全的网站和应用。

3）使用强密码：在设置密码时，应使用强密码，避免使用简单的密码。

4）定期更换密码：应定期更换密码，避免密码被破解。

5）使用安全的网络环境：应使用安全的网络环境，避免使用公共网络。

6）定期备份个人信息：应定期备份个人信息，以防止个人信息丢失。

总之，个人信息防护是当今信息化时代不可忽视的一个重要问题。通过采取一系列的安全措施，可以有效地保护个人信息的安全，保障个人信息的机密性和完整性。

2. 敏感数据的识别方法

敏感数据识别是指在数据中自动或半自动地识别出敏感数据，以便进行保护和管理。敏感数据包括个人身份信息、财务数据、医疗数据等，泄露这些数据可能会导致严重的后果。

（1）敏感数据的分类

敏感数据包括以下几个方面。

1）个人身份信息：如姓名、身份证号码、电话号码、电子邮件地址等。

2）财务数据：如银行卡号、支付宝账号等。

3）医疗数据：如病历、体检报告等。

4）其他敏感数据：如商业机密、政府机密等。

（2）敏感数据的识别方法

敏感数据识别是信息安全领域中的一个重要问题，它涉及个人隐私保护、商业机密保护等方面。敏感数据识别的方法，包括基于规则的方法、基于模式匹配的方法、基于机器学习的方法和基于深度学习的方法。下面介绍每种方法的优缺点、适用场景和实现方式。

1）基于规则的方法：基于规则的方法是最简单的敏感数据识别方法之一。它通过预先定义的规则来识别敏感数据，例如社会保障号码、信用卡号码等。这种方法的优点是简单易行，但是需要手动维护规则，且无法识别新出现的敏感数据。

2）基于模式匹配的方法：基于模式匹配的方法通过正则表达式等模式匹配技术来识别敏感数据。这种方法的优点是可以识别多种类型的敏感数据，但是需要手动维护模式，且无法识别变形的敏感数据。

3）基于机器学习的方法：基于机器学习的方法通过训练机器学习模型来识别敏感数据。这种方法的优点是可以自动识别新出现的敏感数据，但是需要大量的训练数据和计算资源。常用的机器学习算法包括决策树、支持向量机、朴素贝叶斯等。

4）基于深度学习的方法：基于深度学习的方法通过训练深度神经网络来识别敏感数据。这种方法的优点是可以自动学习特征，识别准确率高，但是需要更多的训练数据和计算资源。常用的深度学习算法包括卷积神经网络、循环神经网络等。

在实际应用中，不同的敏感数据识别方法各有优缺点，需要根据具体情况选择合适的方法。例如，对于规则比较固定的敏感数据，可以选择基于规则的方法；对于规则比较复杂或者需要自动识别新出现的敏感数据，可以选择基于机器学习或者深度学习的方法。

总之，敏感数据识别是信息安全领域中的一个重要问题，需要采用合适的方法来保护个人隐私和商业机密。随着技术的不断发展，敏感数据识别方法也将不断更新和完善。

（3）数据挖掘的输出隐私保护技术

数据挖掘是一种从大量数据中提取有用信息的技术，它在商业、医疗、金融等领域得到了广泛应用。然而，数据挖掘过程中可能会涉及个人隐私信息，如何保护这些隐私信息成为一个重要的问题。数据挖掘的输出隐私保护技术包括数据扰动、差分隐私等。

1）数据扰动：数据扰动是一种常用的输出隐私保护技术，它通过对原始数据进行随机扰动来保护隐私信息。具体来说，数据扰动可以分为添加噪声和数据变换两种方式。

添加噪声是指在原始数据中添加一定的随机噪声，使得输出结果不再精确，从而保护隐私信息。常用的添加噪声方法包括拉普拉斯噪声和高斯噪声。拉普拉斯噪声是一种基于拉普拉斯分布的噪声，它可以保证输出结果的差分隐私性质。高斯噪声是一

种基于高斯分布的噪声，它可以保证输出结果的可区分性。

数据变换是指对原始数据进行一定的变换，使得输出结果不再与原始数据直接相关，从而保护隐私信息。常用的数据变换方法包括哈希函数、置换和加密等。哈希函数是一种将任意长度的输入数据映射为固定长度输出的函数，它可以保证输出结果的不可逆性。置换是一种将原始数据中的元素进行随机排列的方法，它可以保证输出结果的可区分性。加密是一种将原始数据进行加密的方法，只有授权用户才能解密数据。

2）差分隐私：差分隐私是一种保护隐私信息的强隐私保护模型，它通过在原始数据中添加一定的噪声来保护隐私信息。与数据扰动不同的是，差分隐私保证了在任何情况下输出结果都不会泄露个体隐私信息。

差分隐私的核心思想是在原始数据中添加一定的噪声，使得攻击者无法确定某个个体是否参与了数据挖掘过程。常用的差分隐私方法包括拉普拉斯机制和指数机制等。拉普拉斯机制是一种基于拉普拉斯分布的噪声机制，它可以保证输出结果的差分隐私性质。指数机制是一种基于指数分布的机制，它可以保证输出结果的可区分性。

### 5.3.5 正当使用大数据

**1.遵循原则**

（1）合法性原则

大数据的收集、处理、使用必须遵循法律法规，不得违反个人隐私权、商业秘密等法律法规。

（2）公正性原则

大数据的收集、处理、使用必须公正、客观、真实，不得歧视任何个人或群体。

（3）透明性原则

大数据的收集、处理、使用必须透明，必须告知数据来源、处理方法、使用目的等信息，保障数据主体知情权。

（4）安全性原则

大数据的收集、处理、使用必须保障数据安全，采取必要的技术和管理措施，防止出现数据泄露、滥用等问题。

**2.合规性评估**

合规性评估是保障大数据应用合规性的重要手段。通过对大数据的收集、处理、使用、保护等环节进行评估，可以有效防止数据泄露、数据滥用等问题，保障数据主体的权益，促进大数据应用的健康发展。

3. 访问控制

1）制定访问控制策略：包括用户身份认证、授权管理、访问审计等方面的内容，以确保数据的安全和隐私。

2）实施用户身份认证：采用多种认证方式，如密码、指纹、人脸识别等，以提高认证的安全性。

3）实施授权管理：采用细粒度授权方式，即对每个用户进行具体的授权，以确保数据的安全和隐私。

4）实施访问审计：包括访问时间、访问内容、访问用户等方面的信息，以便于对访问行为进行分析和追溯。

5）实施数据加密：采用强加密算法，如 AES、RSA 等，以提高加密的安全性。

### 5.3.6　大数据处理环境

大数据处理环境是指一种能够处理大量数据的计算环境，它包括硬件、软件和网络等多个方面。大数据处理环境的主要目的是提供高效、可靠、安全的数据处理服务，以满足用户对数据处理的需求。

（1）大数据处理环境的特点

1）高性能：大数据处理环境需要具备高性能的计算能力，以快速地处理大量的数据。

2）可扩展性：大数据处理环境需要具备可扩展性，以便在需要时能够扩展计算资源。

3）高可用性：大数据处理环境需要具备高可用性，以确保数据处理服务的连续性和稳定性。

4）安全性：大数据处理环境需要具备高度的安全性，以保护数据的机密性、完整性和可用性。

（2）大数据处理环境的应用

1）企业数据分析：大数据处理环境可以帮助企业对大量的数据进行分析，以发现潜在的商业机会和风险。

2）金融风险管理：大数据处理环境可以帮助金融机构对大量的数据进行分析，以发现潜在的风险和机会。

3）医疗健康管理：大数据处理环境可以帮助医疗机构对大量的医疗数据进行分析，以提高医疗服务的质量和效率。

4）智能交通管理：大数据处理环境可以帮助交通管理部门对大量的交通数据进行分析，以提高交通管理的效率和安全性。

## 思考与练习

**【选择题】**

1. 以下不属于加密技术的是（　　　）。

    A. 对称加密　　　　　　　　　B. 非对称加密

    C. 哈希加密　　　　　　　　　D. 数据加密

2. 计算机网络中，防火墙的作用是（　　　）。

    A. 防止火灾的发生　　　　　　B. 保护内部网络的安全

    C. 保护因特网的安全　　　　　D. 以上都是

3. 数据脱敏是指通过对敏感数据进行处理，包括脱敏方法、脱敏技术和（　　　）。

    A. 脱敏原理　　　　　　　　　B. 脱敏效果

    C. 脱敏过程　　　　　　　　　D. 脱敏安全

4. 信息安全经历了三个发展阶段，以下（　　　）不属于这三个发展阶段。

    A. 通信保密阶段　　　　　　　B. 加密阶段

    C. 信息安全阶段　　　　　　　D. 安全保障阶段

5. 以下不属于敏感数据的识别方法是（　　　）。

    A. 基于模式匹配的方法　　　　B. 基于机器学习的方法

    C. 基于深度学习的方法　　　　D. 基于大数据的方法

**【问答题】**

1. 大数据处理环境的特点有哪些？

2. 数据安全的应用场景有哪些？

3. 数据安全运维包括哪些方面？

# 06

# 第6章
# 大数据的未来

新一轮科技革命和产业变革正以前所未有的力量推进全球产业数字化和数字产业化发展。要让大数据技术走在理论前沿、占据创新制高点、取得产业新优势，就要构建大数据产业生态，加快大数据和其他新兴技术的深度融合。本章以区块链、云计算、人工智能、物联网和元宇宙等新一代信息技术为例，结合应用案例，探讨他们与大数据技术的关系和融合应用的方向。

## 知识目标

- 理解新一代信息技术的基本定义。
- 掌握新一代信息技术与大数据的关系。
- 熟悉新一代信息技术结合大数据的应用场景及应用案例。

## 科普素养目标

- 通过了解新一代信息技术，激发对科学技术的探索欲。
- 通过理解大数据与新一代信息技术的关系，树立与时俱进的时代观。
- 通过了解大数据与新一代信息技术结合的实际应用，掌握科学实践方法。

# 6.1　大数据与区块链

## 6.1.1　认识区块链

### 1. 区块链的定义

关于区块链的定义，并没有一个统一的表述。

由工业和信息化部信息化和软件服务业司以及国家标准化管理委员会工业标准二部指导，中国区块链技术和产业发展论坛编写的《中国区块链技术与应用发展白皮书（2016）》给出的解释，狭义地讲，区块链就是一种按照时间顺序来将数据区块以顺序相连的方式组合成的一种链式数据结构，并以密码学方式保证的不可篡改和不可伪造的分布式账本。而从广义来讲，区块链其实是一种分布式基础架构与计算方式，它是用于保证数据传输和访问的安全的。

简单地说，区块链（blockchain）就是由多个区块（block）组成的链条（chain）。在这些区块中存储了交易信息，并按照区块创建的时间顺序连接成链条，链条将被保存到所有的服务器中，所有的服务器组成一个区块链系统。在区块链系统中，每台服务器被称为一个节点，如果想要修改某个链条中的信息，必须取得半数以上的节点同意后，修改所有节点中该链条的信息。因此，修改区块链中的信息并不是一件容易的事。系统只会从其中一个节点读取链条信息，若当前节点突然失效，将会立即启用下一个节点。所以，只要不是所有节点同时断开，就不会影响区块链的工作，以此也保证了整条区块链的安全。

从科技层面来看，区块链涉及数学、密码学、互联网和计算机编程等很多科学技术问题。从应用视角来看，区块链是一个分布式的共享账本和数据库。

区块链到底是如何来记录交易信息的呢？请看以下案例。

/ 案 例

### 家庭账本

为了平衡收入与开支，很多家庭都会设立一个家庭账本，假设这个账本交于妈妈，不管是发工资还是买任何东西，都由妈妈管理。但这种记账方式通常会有几个问题：

①孩子买了零食但没告诉妈妈；②账本不慎损坏了几页。

如果我们使用区块链来做家庭账本，首先记账的方式就会发生变化。当妈妈在记账时，爸爸和孩子也在记账，即每个家庭成员都拥有了家庭账本，且账本的信息是一样的。当发生交易时，所有的账本都会存入这条信息，但如果是想要修改账本的话，那就需要召开家庭会议，评判这次修改是否合理，赞成修改的人数超过半数，就可以修改账本，但需要对所有的账本都进行同样的修改。通过这些操作，常规记账中出现的问题就能迎刃而解。

区块链的本质是一个去中心化的数据库，由一串数据块组成。它的每一个数据块中都包含了一次网络交易的信息，而这些都是用于验证其信息的有效性和生成下一个区块的。这些数据块以链式结构存储，区块是链式结构的基本数据存储单元。区块分为区块头和区块主体两部分，区块头主要由上一个区块哈希值、时间戳、默克尔树根等信息组成，区块主体由一串交易列表组成。每个区块哈希值唯一，指向上一个区块，用于构成区块间的逻辑关系。区块链的基本数据结构如图6-1所示。

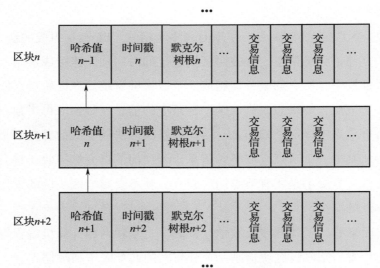

图 6-1　区块链的基本数据结构

2. 区块链的特点

（1）去中心化

在解释去中心化之前，先来了解什么是中心化？中心化结构如图6-2所示，系统中所有的节点都与服务器相连，节点之间的通信必须通过总服务器转达，一旦总服务器损坏，就会造成整个系统无法工作。

顾名思义，去中心化就是取消总服务器的设置，让节点与节点之间直接连接，如图 6-3 所示。

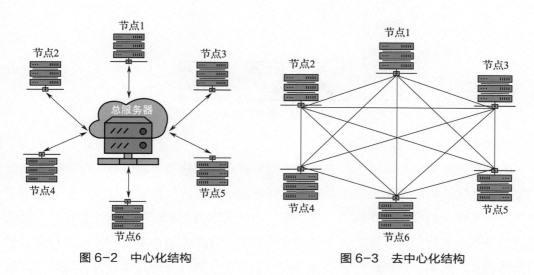

图 6-2　中心化结构　　　　　　图 6-3　去中心化结构

区块链最大的特性就是"去中心化"，这意味着：数据的存储、更新维护、操作等过程都将基于"分布式账本"，而不再基于"中心化结构"的总服务器。这样一来，就可以避免"中心化机构"因失误造成的种种不良后果，解决现实生活中遇到的许多困扰，比如，中心化服务器宕机、被黑客攻击，或者中心化机构不靠谱等问题。

（2）数据不可篡改

区块链上的内容都需要采用密码学原理进行复杂的运算之后才能够记录上链，而且区块链上，后一个区块的内容会包含前一个区块的内容，这就使得信息篡改的难度非常大、成本非常高，这就是区块链不可篡改的特性。

区块链不可篡改的特性，意味着一旦数据写入区块链，任何人都无法擅自更改数据信息。这一特性使得区块链适用于多个领域，比如，公益慈善领域中的钱款监督、审计领域的效率提升、版权保护、教育领域中的学历信息认证等。

（3）交易可追溯

区块链是一个"块链式数据"结构，类似于一条环环相扣的"铁链"，下一环的内容包含上一环的内容，链上的信息依据时间顺序环环相扣，这使得区块链上的任意一条数据都可以通过"块链式数据结构"追溯到其本源，这就是区块链的可追溯性。

这一特性的应用领域非常广泛，除了上文提到的公共事业、审计领域的效率提升、版权保护、学历认证等，还有一个重要的应用——供应链。产品从最初生产的那一刻便记录在区块链上，之后的运输、销售、监管信息都会记录在区块链上，如图 6-4 所

示。一旦发生问题，就可以往前追溯，看一看到底是哪个环节出了问题。

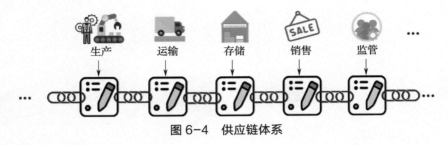

图 6-4　供应链体系

（4）隐私安全有保障

由于节点间无须互相信任，节点间无须公开身份，这为区块链系统保护隐私提供了基础。在区块链系统中，采用公私钥机制对用户身份进行加密。在系统中，每个用户拥有一个唯一的私钥，并对应一个公钥，而公钥作为交易时用户的身份证明，区块链只记录某个私钥的持有者进行了哪些交易，至于这个私钥为哪个用户持有以及私钥与公钥的对应关系，区块链也是不可知的。参与交易的双方通过地址传递信息，即便获取了全部的区块信息也无法知道参与交易的双方到底是谁，只有掌握了私钥的人才知道自己进行的是哪些交易。

（5）系统的高可靠性

区块链系统由所有的节点共同参与维护，也就是说，即使其中某个节点发生了故障，也不影响整个系统的正常运转。系统中的每个节点都拥有完整的数据库拷贝，修改单个节点的数据是无效的，因为系统会自动比较，将数据相同次数最多的记录判为真。

（6）民主性

区块链"去中心化"的特性决定了在区块链的世界里，没有一个"中心化"的权威机构，这就使得区块链具备高度的民主性。区块链采用协商一致的机制，即"共识机制"，基于节点们的投票、信任，使整个系统中的所有节点都能在这个系统中自由安全地存储数据、更新数据。投票、信任、协商，这些都属于"民主"范畴。从这个角度上看，区块链的"民主性"有望打破现有的生产关系，即在区块链生态系统里面，维护系统的权力被广泛分布到节点手里，各个节点都是平等的，基于投票产生的共识和信任，在系统里面发挥自己的作用，为系统做出贡献并以此来获取奖励。

### 6.1.2　大数据与区块链的关系

2020 年 4 月，在国家发改委新闻发布会上，首次明确了"新基建"的范围，提及区块链、大数据、人工智能。大数据主要是通过海量的数据进行机器学习，通过数据分析协助做出各种决策。而区块链在产业中的应用，第一步正是数据信息上链。区块链和大数据均可针对数据进行相应的处理，两者又有什么联系呢？

大数据通常需要对源数据进行清洗、治理，目的是根据历史数据得出规律，便于未来决策。区块链本质是分布式存储、非对称加密、P2P网络等技术共同作用下的"技术组合"。区块链的"不可篡改"性是由一组技术共同实现的，其本质不是对数据进行加工处理，而是保证数据在区块链技术搭建的技术体系架构中可以进行真实记录，不被篡改。当然，"不可篡改"不等于"不能篡改"。根据不同的共识机制，当占用资源超过一定程度后，便可以进行篡改。例如，在 PoW 的共识机制下，拥有超过50% 算力的一方，就可以进行篡改。

大数据与区块链之间，虽然有诸多区别，但也可以进行结合，相互形成有利的补充，从而解决应用场景中的技术问题，发挥一加一大于二的效果。

### 1. 数据安全

将大数据存储在区块链上，区块链的去中心化和不可篡改性可以保证数据的安全性和隐私性。此外，区块链可以为大数据提供更加可信的数据来源，这对于大数据的分析和应用非常重要，可以避免因为数据来源不可靠而导致的错误和误判。

### 2. 数据共享

通过区块链技术，可以实现数据的安全共享和交换，提高数据的利用效率。然而，数据开放的难点和挑战是如何在保护个人隐私的情况下开放数据。基于区块链的数据脱敏技术能保证数据私密性，为隐私保护下的数据开放提供解决方案。区块链不需要网络层本身的任何标识，这意味着下载和使用该技术不需要姓名、电子邮件、地址或其他任何信息。对用户个人信息没有严格要求，意味着不需要在中央服务器存储用户信息，这使得区块链技术更安全，不会使其用户的敏感数据处于危险之中。

### 3. 数据质量

区块链提供的卓越的数据安全性和数据质量，可以改变人们处理数据的方式。物联网系统将各种设备和大量数据暴露在安全漏洞之下，而区块链具有强大的潜力，可以阻止黑客入侵，并在从银行、医疗保健到智能城市等多个领域提供安全保障。例如，随着指纹数据分析应用和基因数据检测与分析手段的普及，越来越多的人担心，一旦个人健康数据发生泄露，将可能导致严重后果。区块链技术可以通过多签名私钥、加密技术、安全多方计算技术来防止这类情况的出现。

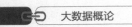 

**4. 数据治理**

大数据的治理一直是一个难题，而区块链技术可以实现数据的去中心化治理，实现数据的透明化和公正性，提高数据的治理效率和质量。

### 6.1.3 案例：政务服务平台

在传统政务系统的数据汇聚共享过程中，工作人员面临着三个难题：目录覆盖不全和更新问题、目录与数据挂接问题、数据共享机制和质量问题。

**1. 北京市目录链**

为解决部门之间数据共享的难题，提高企业、百姓的办事效率，北京市各相关部门借助大数据、区块链、云计算、人工智能等新技术，打造了基于区块链技术的大数据目录管理系统。

目录链作为"北京大数据行动计划"的核心内容，于 2018 年 10 月设计，2019年 4 月上线，2019 年 10 月"锁链"，并于 2023 年 1 月 1 日正式上线北京市目录链 2.0，北京市 80 余个部门的市级数据目录、16 个区与经济技术开发区的区级数据目录，以及民生、金融等领域 10 余家社会机构的数据目录全部上"链"。链上实时管理目录信息 50 余万条、信息系统 2700 余个，支撑跨部门、跨层级、跨领域、跨主体的数据安全共享 1 万余类次、数百亿条。作为全国首个超大城市区块链基础设施，北京市目录链的升级依托国内首个自主可控的区块链软硬件技术体系"长安链"开展，实现从底层架构到核心算法的全面自主可控。

目前，北京经信局已经发布北京通 App2.0 版本，具备亮证、办事、查询、缴费、预约、投诉、通讯等 7 大类实用性功能，用户一次注册即可享受北京市政府相关部门提供的 650 项有特色的重点政务和公共服务。

**2. 娄底市区块链不动产信息共享平台**

不动产区块链应用系统利用区块链数据共享模式，可以实现政务数据跨部门、跨区域协同办理，协助"最多跑一次"便民政务服务改革。整合资源，强化信息安全，加强政府数据共享开放和大数据服务能力；促进跨领域、跨部门合作，推进数据信息交换，打破部门壁垒，遏制信息孤岛和重复建设，提高行政效率，推动职能型政府转型为服务型智慧政府。

娄底市区块链不动产信息共享平台的架构如图 6-5 所示，通过区块链共享平台，整合共享居民身份证、户籍管理、婚姻状况、企业营业执照等信息，按业务类型获取登记材料，记录核查结果，减少登记收件材料。通过网上"一窗办事"平台，与税收征管等系统无缝衔接，实现转移登记一次受理、自动分发、并行办理。同时，全力推进"全流程无纸化"网上办理新模式，不动产抵押登记全面启用电子证书、证明和电子材料，开启不动产抵押登记"无纸化"新模式，实现不动产抵押登记"零次跑"，逐步推进不动产登记"无纸化"新模式全业务流程应用。截至 2020 年年底，该市已实现 52 万套房屋、110 万笔登记业务上链，累计发放区块链电子证照 18 万份，实现水电过户同步上链。

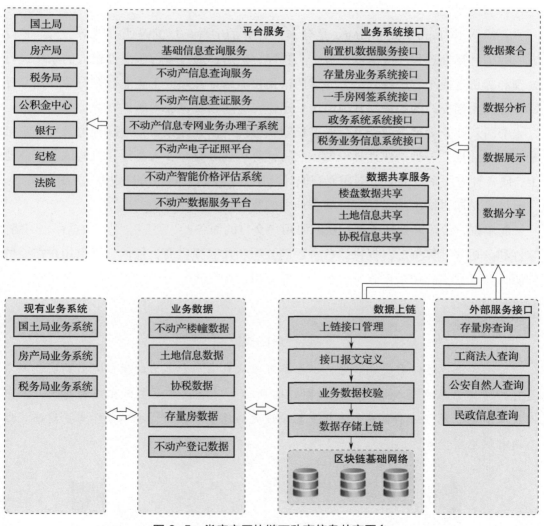

图 6-5　娄底市区块链不动产信息共享平台

# 6.2 大数据与云计算

## 6.2.1 认识云计算

### 1. 云计算的定义

云计算（Cloud Computing）是分布式计算的一种，指的是通过网络"云"将巨大的数据计算处理程序分解成无数个小程序，然后，通过多部服务器组成的系统进行处理和分析这些小程序得到结果并返回给用户。云计算顺应了企业数据资源存储、计算和应用大幅提升的趋势，其规模增长迅速，应用领域也在不断扩展。

中国云计算专家咨询委员会秘书长刘鹏教授对云计算做了长短两种定义。长定义是："云计算是一种商业计算模型。它将计算机任务分布在大量计算机构成的资源池上，使各种应用系统能够根据需要获取计算能力、存储空间和信息服务。"短定义是："云计算是通过网络按需提供可动态伸缩的廉价计算服务。"

简单说，云计算就是通过互联网向用户交付的服务器、存储空间、数据库、网络、软件和分析等计算资源。提供这些资源的公司叫作云提供商，他们会提供用户需要的资源，并根据实际用量来收费。为什么要采用这种模式？可以用以下案例来解释。

### 案例

#### 云计算的类比

企业的正常运转需要水和电，水电都可以从自来水和电力的供应商处购买，而不是自行修建自来水厂和供电站（如图 6-6 所示）。企业只要支付相应的费用，就可以获取水电资源，而不需要负责相关基础设施的建设和维护，也不需要考虑规模，这些均有供应商负责。

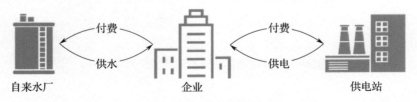

图 6-6  企业的水电来源

2. 云计算的分类

对于云计算的分类，目前还有没有统一的标准。从部署类型或者说是"云"的归属来说，可以将云计算分为私有云、公共云和混合云。从服务类型来说，可以将云计算分为基础设施云、平台云和应用云。

3. 云计算提供的三种服务

云计算主要提供三种服务：基础设施即服务（IaaS），平台即服务（PaaS）和软件即服务（SaaS）。每种形式提供的服务及使用群体是不一样的，他们的层级关系及服务使用者如图6-7所示。

- IaaS 层位于最底层，为上面的 PaaS、SaaS 层提供网络及服务器等基础服务，使用者通常是网络服务工程师。
- PaaS 层位于中间层，使用 IaaS 层提供的基础服务，进行系统引用开发，并为上面的 SaaS 层提供系统应用服务，使用者通常是 IT 系统开发工程师。
- SaaS 层位于最上层，使用的是 IT 系统开发工程师基于 PaaS、IaaS 服务开发出来的最终系统应用，使用者就是我们最终的客户，客户使用系统应用完成日常办公。

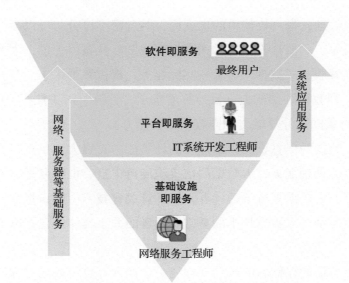

**图6-7　云计算提供的三种服务**

4. 云计算的优势

与传统的网络应用模式相比，云计算的优势在于高灵活性、可扩展性和高性价比等。

1）虚拟化技术：云计算通过虚拟化技术完成了从物理平台到相应终端的数据备份、迁移和扩展等，突破了时间、空间的界限。

2）动态可扩展："云"的规模可以动态伸缩，满足应用和用户规模增长的需要。

3）按需部署：云计算平台能够根据用户的需求快速配备计算能力及资源。

4）灵活性高：云计算不仅可以兼容低配置机器、不同厂商的硬件产品，还能够增加外设获得更高性能计算。

5）可靠性高："云"使用了数据多副本容错、计算节点同构可互换等措施来保障服务的高可靠性，使用云计算比使用本地计算机可靠。

6）性价比高：云计算将资源放在虚拟资源池中统一管理，用户不再需要昂贵、存储空间大的主机，可以选择相对廉价的 PC 组成云，一方面减少费用，另一方面计算性能不逊于大型主机。

7）安全性高：云安全，是云计算的最佳特性之一。它会创建存储数据的快照，这样即使其中一台服务器损坏，数据也不会丢失。数据存储在存储设备中，任何其他人都无法破解和使用。存储服务快速可靠。

### 6.2.2 大数据与云计算的关系

云计算和大数据就像一枚硬币的正反面，两者密不可分。可以简单用一句话来描述两者之间的关系："云计算搭台，大数据唱戏"。从整体上说，大数据与云计算相辅相成，大数据着眼于"数据"，关注实际业务，提供数据采集、分析、挖掘，看重的是信息积淀，即数据存储能力。云计算着眼于"计算"，关注 IT 解决方案，提供 IT 基础架构，看重的是计算能力，即数据处理能力。

如果没有大数据的信息积淀，云计算的计算能力再强大，也难以找到用武之地；如果没有云计算的处理能力，大数据的信息积淀再丰富，也终究是"镜花水月"。

从技术上看，大数据根植于云计算，云计算关键技术中的海量数据存储技术、海量数据管理技术等都是大数据技术的基础。两者的关系具体体现在以下几个方面。

（1）存储和处理能力

大数据需要海量的存储和高效的处理能力，而云计算可以通过虚拟化技术，将多个物理服务器组成一个虚拟服务器集群，从而提供强大的存储和计算能力，为大数据的存储和处理提供基础设施。

（2）弹性灵活的计算服务

大数据的存储和处理需求具有不确定性和变化性，而云计算可以根据用户的需求，提供弹性的计算资源和服务，从而满足大数据存储和处理的需求。

（3）数据分析和挖掘

云计算可以通过分布式计算和并行计算等技术，实现对大数据的高效处理和分析，从而为大数据的应用提供支持。

云计算的核心是业务模式，其本质是数据处理技术。数据是资产，云计算为数据资产提供了存储、访问的场所和计算能力，即云计算更偏重大数据的存储和计算，但是云计算缺乏盘活数据资产的能力。从数据中挖掘价值和对数据进行预测性分析，为国家治理、企业决策乃至个人生活提供服务，这是大数据的核心作用。大数据技术将帮助人们从大体量、高度复杂的数据中分析、挖掘信息，从而发现价值和预测趋势。

### 6.2.3　案例：云计算数据中心

随着云计算技术的发展和应用，我国的云计算数据中心也在不断发展和壮大，成为支撑我国云计算产业发展的重要基础设施之一。目前，我国的云计算数据中心主要分布在北京、上海、广州、深圳、成都、重庆等城市。这些数据中心不仅提供基础的计算、存储、网络等基础设施服务，还提供了各种云计算应用服务，如云数据库、云存储、云安全、云监控等。同时，这些数据中心还支持多种云计算平台和技术，如OpenStack、VMware、Kubernetes 等，为用户提供了更加灵活和多样化的选择。

除了商业性质的云计算数据中心，我国还建设了一些政府和公共性质的云计算数据中心，如国家电网云计算数据中心、中国移动云计算数据中心等。这些数据中心主要为政府和公共机构提供云计算服务，如政务云、教育云、医疗云等。

#### 1. 阿里云大数据平台

阿里云大数据平台是基于云计算和大数据技术构建的一站式数据处理和分析平台。它可以为企业提供海量数据的存储、处理和分析能力，支持多种数据源的接入和多种数据处理和分析工具的使用。阿里云大数据平台已经被广泛应用于金融、电商、物流等领域，为企业提供了强大的数据处理和分析能力。

2022年世界互联网领先科技成果发布活动在世界互联网大会乌镇峰会期间举办，评选出具有国际代表性的年度领先科技成果，由阿里云自主研发的大数据智能计算平台 ODPS 入选。ODPS 解决了超大规模多场景融合下，用户多元化数据的计算需求问题，实现了存储、调度、元数据管理上的一体化架构融合，支撑交通、金融、科研、政企等多场景数据的高效处理，是目前国内最早自研、应用最为广泛的一体化大数据平台。

2. 中国移动云计算数据中心

其是中国移动建设的一站式云计算服务平台，旨在为政府、企业和个人提供高效、安全、可靠的云计算服务。该数据中心采用了先进的云计算技术和管理模式，拥有多个数据中心节点，覆盖全国各地，为用户提供了全方位的云计算服务，主要提供以下几种服务。

1）云主机服务：提供基于虚拟化技术的云主机服务，用户可以根据自己的需求选择不同的配置和规格，实现按需使用和弹性扩容。

2）云存储服务：提供高可靠、高可用、高性能的云存储服务，支持多种数据类型和多种数据访问方式，为用户提供灵活和安全的数据存储和管理。

3）云数据库服务：提供高可靠、高可用、高性能的云数据库服务，支持多种数据库类型和多种数据库访问方式，为用户提供灵活和安全的数据管理和应用。

4）云安全服务：提供多层次、多维度的云安全服务，包括网络安全、数据安全、应用安全等，为用户提供全面的安全保障。

5）云监控服务：提供实时、准确、全面的云监控服务，包括资源监控、性能监控、异常监控等，为用户提供全面的运维支持。

除了以上服务，中国移动云计算数据中心还提供多种云计算应用服务，如政务云、教育云、医疗云等，为政府和公共机构提供强大的云计算支持。

云计算和大数据的结合已经被广泛应用于各个领域，为企业和机构提供了强大的数据处理和分析能力，帮助他们更好地理解和应用数据，实现更加高效和智能的业务运营。

# 6.3　大数据与人工智能

## 6.3.1　认识人工智能

### 1. 人工智能的定义

人工智能（Artificial Intelligence，AI），是一个以计算机科学为基础，由计算机、心理学、哲学等多学科交叉融合的新兴学科，研究、开发用于模拟、延伸和扩展人的智能的理论、方法、技术及应用系统的一门新的技术科学，企图了解智能的实质，并生产出一种新的能以人类智能相似的方式做出反应的智能机器，通俗讲就是使用"人工智能"的工作来代替本来属于"人智能"该做的工作。该领域的研究包括机器人、语言识别、图像识别、自然语言处理和专家系统等。

### 2. 人工智能的发展历程

1950 年，图灵提出了一个关于判断机器是否能够思考的著名试验——图灵测试，测试某机器是否能表现出与人等价或无法区分的智能。如图 6-8 所示，如果一台机器能够与人类展开对话而不能被辨别出其机器身份，那么称这台机器具有智能。这一简化使得图灵能够令人信服地说明"思考的机器"是可能的。

图 6-8　图灵测试

1956 年，达特茅斯会议上，科学家们探讨用机器模拟人类智能等问题，并首次

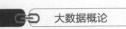 

提出了人工智能的术语，人工智能的名称和任务得以确定，同时出现了最初的成就和最早的一批研究者。

1959 年，乔治·德沃尔与美国发明家约瑟夫·英格伯格联手制造出第一台工业机器人，随后，成立了世界上第一家机器人制造工厂——Unimation 公司。

1965 年，约翰·霍普金斯大学应用物理实验室研制出 Beast 机器人。Beast 已经能通过声呐系统、光电管等装置，根据环境校正自己的位置。

1968 年，美国斯坦福研究所公布了他们研发成功的机器人 Shakey。它带有视觉传感器，能根据人的指令发现并抓取积木，可以算是世界第一台智能机器人。不过控制它的计算机有一个房间那么大。

2014 年，在英国皇家学会举行的"2014 图灵测试"大会上，聊天程序"尤金·古斯特曼（Eugene Goostman）"首次通过了图灵测试，这预示着人工智能进入全新时代。

### 6.3.2 大数据与人工智能的关系

大数据和人工智能是密不可分的，两者之间有着紧密的关系。大数据和人工智能的关系可以从以下几个方面进行详细说明。

#### 1. 数据基础

数据为人工智能提供了数据基础。人工智能需要大量的数据来进行训练和学习，只有在数据量足够大的情况下，才能让人工智能模型更加准确和智能。大数据技术可以帮助人工智能系统收集、存储和处理海量的数据，为人工智能提供数据基础。

#### 2. 数据分析

人工智能为大数据的分析和应用提供了技术支持。人工智能技术可以帮助大数据系统进行数据挖掘、数据分析和数据应用，从而实现更加高效和智能的数据处理和应用。例如，人工智能技术可以帮助大数据系统进行数据预测、数据分类、数据聚类等操作，从而为企业和机构提供更加精准和智能的数据分析和应用。

#### 3. 数据质量

人工智能可以帮助大数据系统提高数据质量。大数据系统中存在着大量的噪声数据和无效数据，这些数据会影响数据分析和应用的准确性和可靠性。人工智能技术可以帮助大数据系统进行数据清洗、数据去重、数据纠错等操作，从而提高数据质量。

#### 4. 数据应用

人工智能可以帮助大数据系统实现更加智能和创新的数据应用。大数据系统中存在着大量的数据，如何将这些数据应用到实际业务中，是一个重要的问题。人工智能技术可以帮助大数据系统实现智能化的数据应用，如智能客服、智能推荐、智能风控等，从而为企业和机构提供更加高效和智能的服务。

**案例**

### 电商领域大数据和人工智能的结合

举一个实际的例子来说明大数据和人工智能的关系：在电商领域，大数据和人工智能的结合可以帮助企业实现更加智能和精准的营销和服务。例如，一个电商企业可以通过大数据技术收集和分析用户的购物行为、浏览记录、搜索关键词等数据，从而了解用户的兴趣和需求，为用户提供更加个性化和精准的推荐和服务。

在这个过程中，人工智能技术可以帮助企业实现更加智能和精准的数据分析和应用。例如，企业可以使用机器学习算法对用户数据进行分析和挖掘，从而预测用户的购买意愿和购买行为，为用户提供更加精准的推荐和服务。同时，企业还可以使用自然语言处理技术对用户的评论和反馈进行分析和处理，从而了解用户的需求和意见，为企业的产品和服务提供改进和优化的方向。

### 6.3.3 案例：火星车数字人

2021 年 4 月 24 日，第六个中国航天日，在由工业和信息化部、国家航天局、江苏省人民政府共同主办的"中国航天日"主场活动上，中国航天官方首次公布了我国首个火星车的命名：祝融。同年的 7 月 8 日，第四届世界人工智能大会（WAIC2021）的开幕式上，火星车数字人"祝融号"惊艳亮相，如图 6-9 所示。

作为中国第一辆火星车，"祝融号"自诞生之日起，就与百度紧密联系在一起。它的名字"祝融号"是由百度 App 网友和专家共同投票而成，同名数字人则是由中国火星探测工程联合百度打造的"萌物"。祝融号体重 240 公斤，高 1.85 米，以太阳能发电板为翅膀，脚下是"着陆器"，携带有地形相机和多光谱相机、次表层探测雷达、磁场探测仪等 6 台科学载荷，用于探索火星，并将采集到的数据和照片回传。

图6-9　火星车数字人"祝融号"

数字人技术体系包括百度智能云设计的轻量深度神经网络模型，以及国内首创的基于高精度 4D 扫描的口型预测技术，能实时生成数字人的口型、表情、动作，准确率接近 99%。在表情、动作、语言等每个方面，火星车数字人都充满了生命感，宛如数字世界里的一个独特生命。这背后隐藏着百度智能云领先业内的三大数字人技术优势。

1. 形象生动自然

百度智能云采用 4D 扫描技术，能够采集大量高精度训练数据，并通过机器学习进行人像驱动绑定和反复迭代调优。基于百度智能云的影视级高精拟真 3D 人像制作技术、拟人化 3D 卡通形象制作技术，数字人的质感、表情、动作都有着真实、生动、自然的表现。

2. AI 性能优异

火星车数字人采用了轻量级的深度神经网络模型，能够实现端到端的表情和口型实时预测。该模型的驱动渲染性能优异、连线延迟低、互动效果良好。此外，百度数字人还支持预置表情动作与 AI 生成表情的实时混合，满足了不同场景下的使用需要。

3. 驱动方式灵活多样

百度的数字人技术拥有文本驱动、语音驱动、普通 RGB 摄像头面部驱动、深度摄像头面部采集驱动四种驱动方式。百度智能云领先的多模态 AI 技术、NLP（自然语言处理）和语音识别技术，使得数字人能熟练掌握包括英语、法语、德语在内的多国语言，这可是火星车数字人的隐藏技能。

# 6.4 大数据与物联网

## 6.4.1 认识物联网

案例

### 为什么要连接"物"

从人类诞生时起就有了通信。从最早的烽火台开始，逐渐变成驿站、无线电报、固定电话，再到手机。手机的普及基本实现了把每一个人连接起来的目标，如图 6-10 所示。

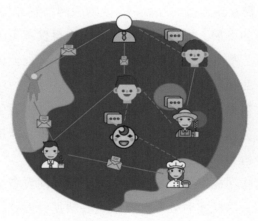

图 6-10  人人互联

人与人的连接只是实现了世界联结的一部分。这个世界除了"人"以外，还有"物"。那为什么要连接物？因为人类的生活和生产都离不开工具。以交通工具的演变为例，最早人类只能靠双腿走路，后来有了牛车、马车，慢慢地又发明了自行车、摩托车、小汽车和飞机等，如图 6-11 所示。万物互联是未来的发展趋势，比如，家居智能系统使我们可以用一部手机远程控制家中的所有电器。

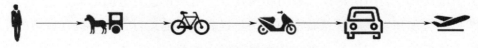

图 6-11  交通工具的演变

物联网（Internet of Things，IoT）是指通过各种信息传感器、射频识别技术、全球定位系统、红外感应器、激光扫描器等装置与技术，实时采集任何需要监控、连接、互动的物体或过程，采集其声、光、热、电、力学、化学、生物、位置等各种需要的信息，通过各类可能的网络接入，实现物与物、物与人的泛在连接，实现对物品和过程的智能化感知、识别和管理。物联网是一个基于互联网、传统电信网等的信息承载体，它让所有能够被独立寻址的普通物理对象形成互联互通的网络。

物联网正在以各种可能的方式改变我们的生活，包括教育、智能家居、健康、运输、零售业、制造业等。物联网可连接传感器、软件应用程序、可穿戴设备、智能手机、恒温器、语音激活设备、医疗设备、交通信号灯、火车、汽车等。所有这些物联网设备都在传输大量数据，需要新的硬件和软件基础设施来处理如此庞大的数据并进行实时检查。为了处理持续生成的数据，这些技术每天都在不断发展和改进。

### 6.4.2 大数据与物联网的关系

物联网就是"物与物互相连接的互联网"。物联网的感知层，产生了海量的数据，将会极大地促进大数据的发展。同样，大数据的应用也发挥了物联网的价值，反向刺激了物联网的使用需求。物联网与大数据时常相伴出现，他们就像大自然中的蚂蚁和金合欢树，共生共存，互利互益。

首先，物联网为大数据提供了数据源。物联网中的各种设备和传感器可以收集和传输大量的数据，这些数据可以被大数据系统收集和分析，从而为企业和机构提供更加精准和智能的数据分析和应用。

其次，大数据为物联网提供了技术支持。由于物联网设备从其传感器收集了大量结构化和非结构化数据，因此实时处理和描绘这些数据将面临挑战，这就是大数据作用凸显的地方。

最后，大数据和物联网的结合可以帮助企业和机构实现更加高效、智能和创新的应用。例如，在智能制造领域，企业可以通过物联网技术收集和传输生产设备的数据，然后使用大数据技术对这些数据进行分析和应用，从而实现生产过程的智能化和优化。

### 6.4.3 案例：智慧城市

智慧城市是指利用信息技术和物联网技术，对城市进行全面的数字化、智能化和可持续化的管理和发展。智慧城市的目标是提高城市的运行效率、提升城市的生态环境、改善城市的居住和工作条件，从而提高城市的竞争力和吸引力。智慧城市是大数据和物联网技术的典型应用之一，它们的结合可以为城市的管理和发展带来许多好处。

　　智慧城市的建设需要多个领域的技术和应用的协同，如大数据、物联网、云计算、人工智能等。物联网技术可以将城市中的各种设备和传感器连接起来，形成一个庞大的网络，这些设备和传感器可以收集和传输大量的数据，如空气质量、垃圾桶状态、路灯亮度等信息。大数据技术可以对这些数据进行收集、存储、分析和应用，从而为城市的管理和发展提供决策支持和智能化服务。这些技术和应用的结合可以为城市的管理和发展带来许多好处，如提高城市的运行效率、改善城市的生态环境、提升城市的居住和工作条件等。智慧城市的建设是一个长期的过程，需要政府、企业和社会各方的共同努力和支持。

　　物联网是智慧城市的基础，但智慧城市的范畴相比物联网而言更为广泛；智慧城市的衡量指标由大数据来体现，大数据促进智慧城市的发展。接下来，举几个智慧城市中用到物联网和大数据的例子。

　　1. 智慧交通

　　通过物联网技术，交通设施和车辆可以连接到互联网络，形成一个智能交通系统。这些设施和车辆可以收集和传输大量的数据，如交通流量、车速、路况等信息。大数据技术可以对这些数据进行分析和应用，从而实现智能化的交通调度和管理，如智能路况预测、智能导航等。如图 6-12 所示，智慧城市交通系统收集了交通流量、拥堵情况、公共交通线路等信息，提供了智能路况预测、智能公交调度等出行服务。

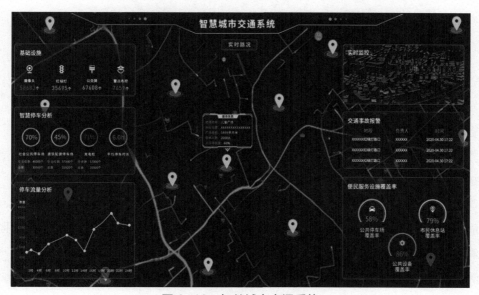

图 6-12　智慧城市交通系统

### 2. 智慧环保

智慧环保是新一代信息技术变革的产物，是信息资源日益成为重要生产要素和信息化向更高阶段发展的表现，是经济社会发展的新引擎。智慧环保，就是把感应器、传感器等嵌入或装备到污染源排口、水源地、放射源等各种物体中，并把这些物体普遍连接起来，形成所谓"物联网"，并将"物联网"和互联网整合起来，实现人类社会与物理系统的整合。例如，北京智慧环保系统，利用区块链技术对所有空气、水、土壤、噪声、生态等环境要素及污染排放客体、环境风险点进行感知和动态监控，利用大数据技术对这些数据分析和应用，从而实现城市环境的智能化管理和优化，如智能垃圾分类（见图 6-13）、智能污水处理等。这些应用可以提高城市的环境质量和卫生水平，为市民提供更加健康和舒适的生活环境。

图 6-13　北京某小区的智能生活垃圾收集设备

### 3. 智慧安防

随着社会的发展与科技的不断进步，传统的安防管理以及工作模式制约着安防行业的发展。面对安防工作"自动化"、执法工作"规范化"、智慧管理"智能化"、队伍管理"精细化"的现代城市安防安全需求，一系列的安防安全问题亟待解决。"智慧安防"是充分运用大数据、云计算、物联网、人工智能等新兴技术手段，打造安全监测指挥平台。"智慧安防"对城市的安防数据进行收集和分析，如视频监控、人员流动等信息，通过大数据技术的分析和应用，可以实现城市安防的智能化管理和优化，如智能警务、智能消防等。这些应用可以提高城市的安全和稳定性，为市民提供更加安全和稳定的生活环境。

例如，上海市青浦公安智能安防大数据平台（见图 6-14），作为面向警务流程的智能感知预警处置平台，通过链入全区 539 个小区全量感知数据以及 2.8 万路视频，为青浦全区重点人员事情预警、处置提供支撑。

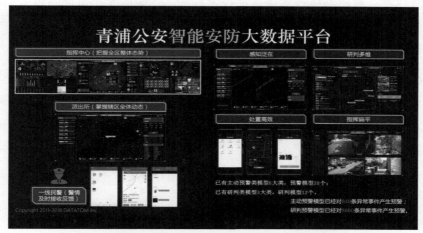

图 6-14　上海市青浦公安智能安防大数据平台

# 6.5　大数据与元宇宙

## 6.5.1　认识元宇宙

### 1. 元宇宙的概念

元宇宙（Metaverse）是人类运用数字技术构建出来的，与现实世界相对应或超越现实世界，可与实现世界交互的虚拟世界，是一种具备新型社会体系的数字生活空间。元宇宙的本质是与现实世界平行存在但又反作用于现实世界的高度发达的虚拟世界，如图 6-15 所示。

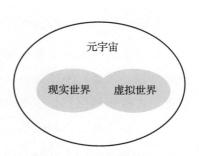

图 6-15　元宇宙的范围

### 2. 元宇宙的特征

（1）沉浸式体验

元宇宙可以使人们拥有沉浸式体验。就像电影《头号玩家》中描述的场景一样，当你佩戴上 VR 设备后，就好像穿越到了另一个时空，使人们很难分辨出虚拟世界与现实世界的边界，虚实融合。

元宇宙可以把人从平面接触互联网提升至 3D 甚至更高的层级上。随着交互技术、网络和算法技术、通信网络技术等多种技术发展,理想的元宇宙能够将人们的视觉、听觉、触觉、嗅觉、味觉和信念相融合,使玩家能沉浸其中,获得无限贴近现实的感受。

(2)完整的世界结构

元宇宙构建的数字世界是一个高度发达的认知世界,极其开放、复杂且巨大。元宇宙的虚拟世界将具备现实世界的所有要素,甚至发展规律上都与现实世界极其相似。元宇宙的虚拟世界将具备虚拟自然环境、虚拟人、虚拟物品、虚拟环境、虚拟社会体系、虚拟经济、虚拟企业生产系统、虚拟个人生产系统、虚拟文明体系和虚拟治理体系等。

(3)完整的经济价值

元宇宙拥有独立的经济系统,这一系统会和现实已有经济系统相关联,支撑起元宇宙经济系统的要素主要包括:数字创造、数字货币、数字资产、数字市场等。

(4)拥有可持续性

元宇宙永远存在且永远不会停止,能和现实世界保持实时和同步,且拥有现实世界的一切形态。

(5)具有兼容性

元宇宙具有兼容性,可以接纳任何规模的人群以及事物。在元宇宙中,任何人、任何团体都能够创作出在元宇宙中可以用于流通的数字资产。

### 6.5.2 大数据与元宇宙的关系

在元宇宙的虚拟世界,其数字化程度远高于现实世界经由数字化技术勾勒出来的空间结构、场景、主体等,实质都是以数据方式存在的。在技术层面上,元宇宙可以被视为大数据和信息技术的集成机制或融合载体,不同技术与硬件在元宇宙的"境界"中组合、自循环、不断迭代。

(1)大数据为元宇宙提供了数据源

元宇宙中的各种虚拟场景和对象都需要大量的数据支持,如 3D 模型、虚拟现实、增强现实等。大数据技术可以帮助元宇宙系统收集和分析这些数据,从而为元宇宙提供更加精准和智能的数据支持。

(2)元宇宙为大数据提供了应用场景

元宇宙中的各种虚拟场景和对象拥有大量的数据,大数据技术可以对这些数据进行分析和应用,从而实现更加高效和智能的数据处理和应用。

（3）大数据和元宇宙的结合可以帮助企业和机构实现更加高效、智能和创新的
　　应用

企业可以通过元宇宙技术构建虚拟场景和对象，然后使用大数据技术对这些数据进行分析和应用，从而实现更加高效和智能的虚拟现实应用。

拓展阅读

### 虚拟现实

虚拟现实是发展到一定水平上的计算机技术与思维科学相结合的产物，它通过模拟人类的感官系统，创造出一种虚拟的、仿真的环境，用户可以在其中进行交互和体验。虚拟现实技术可以通过头戴式显示器、手柄、传感器等设备，将用户带入一个虚拟的三维空间中，让用户感觉自己置身于其中，与虚拟环境进行互动和体验。

虚拟现实的出现为人类认识世界开辟了一条新途径。虚拟现实的最大特点是：用户可以用自然方式与虚拟环境进行交互操作，改变了过去人类除了亲身经历，就只能间接了解环境的模式，从而有效地扩展了自己的认知手段和领域，如图 6-16 所示。另外，虚拟现实不仅仅是一个演示媒体，而且还是一个设计工具，它以视觉形式产生一个适人化的多维信息空间，为我们创建和体验虚拟世界提供了有力的支持。

图 6-16　虚拟现实

由于虚拟现实技术的实时三维空间表现能力、人机交互式的操作环境以及给人带来的身临其境的感受，它在军事和航天领域的模拟和训练中起到了举足轻重的作用。近年来，随着计算机软硬件技术的发展以及人们越来越认识到虚拟现实技术的重要作用，它在各行各业都得到了不同程度的发展，并且越来越显示出广

阔的应用前景。虚拟战场、虚拟城市、甚至"数字地球"无一不是虚拟现实技术的应用。虚拟现实技术将使众多传统行业和产业发生革命性的改变。

虚拟现实技术的应用非常广泛，包括游戏、教育、医疗、建筑、旅游等多个领域。虚拟现实技术的应用前景非常广阔，它可以为各个领域带来更加真实、直观和沉浸的体验，从而提高用户的体验和满意度。

### 6.5.3 案例：阿里元境

阿里元境是阿里巴巴集团推出的一款虚拟现实平台，它基于阿里云的云计算和大数据技术，结合虚拟现实技术和人工智能技术，为用户提供更加真实、直观和沉浸的虚拟现实体验。其 Logo 如图 6-17 所示。阿里元境的目标是打造一个全球领先的虚拟现实平台，为用户提供更加智能、便捷和创新的虚拟现实服务。

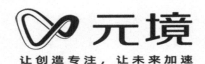

图 6-17　阿里元境 Logo

阿里巴巴云游戏事业部自 2020 年 1 月成立以来发展迅速，2020 年 7 月推出首个工业级 PaaS 服务之后，快速服务多个典型游戏企业。2021 年 9 月发布全新品牌元境，并于 2021 年 10 月推出云游戏开发者平台。截至 2021 年 12 月，元境已经服务上百家游戏厂商和平台，快速成为业内领先的云游戏研运一体化服务平台。

阿里元境的主要特点包括以下几个方面。

1）多终端支持：阿里元境支持多种终端设备，如头戴式显示器、智能手机、平板电脑等，用户可以根据自己的需求选择不同的终端设备进行体验。

2）多场景应用：阿里元境支持多种场景应用，如游戏、教育、医疗、建筑、旅游等多个领域，用户可以根据自己的需求选择不同的场景进行体验。

3）多用户互动：阿里元境支持多用户互动，用户可以在虚拟现实环境中与其他用户进行互动和交流，从而提高用户的社交体验和趣味性。

4）大数据支持：阿里元境基于阿里云的云计算和大数据技术，可以对用户的行为和偏好进行分析和应用，从而提供更加个性化和智能化的虚拟现实服务。

2022 年 9 月，阿里元境宣布与西安博物院达成合作，以盛唐长安为故事起始，打造文旅元宇宙——元境博域，并同步推出其数字藏品业务，联动非遗等实体产品推动虚实经济发展。西安博物院授权给阿里元境 40+ 件馆藏。以唐三彩住宅模型数藏为例，在阿里元境实时渲染能力、高精度的 3D 建模技术、AI 数字人互动交互等技术的加持下，用户可进入住宅模型中，微距、全方位体验藏品内部的细节以及院落构造，完美感受唐代长安城中独有的建筑风貌。

如图 6-18 所示，西安博物院藏清仿元赵孟頫《摹王右丞辋川图》卷描绘了陕西蓝田县辋川一带的优美风景，也是唐代诗人、画家王维的隐逸故居。王维描绘辋川的原作已无存，现只有历代摹本被各大博物馆珍藏。西安博物院馆藏的绢本长411 厘米、宽 53 厘米，属于青山绿水，画面以辋川河为线，楼阁为珠，河上偶有小舟泊游，岸边高士端坐堂屋，临江而吟，松荫之下，缀有仙鹤数只。高山流水，润泽空灵。作者在技法上以青山屏障似托珠玉盘，山石全用线勾，而少有皱擦点染，之后再填涂青绿重色，将辋川王维故居描画得如仙山佳境一般。数字化辋川图卷因图创意，引导渔舟沿岸漫行，动静结合，形成人在画中游的景象。在未来的设计中，用户还可成为画中角色进入辋川图，畅游辋川别业，寄情王维诗画中的盛唐山水。

图 6-18　阿里元境《摹王右丞辋川图》

2023 年 4 月，由元境博域联合西安博物院打造的文旅元宇宙"盛世·大唐文物展"首次重磅登录电商平台，在手机天猫臻品馆揭开序幕（见图 6-19）。此次是元境博域与手机天猫的首次合作，旨在帮助文旅产业拓展数字化新方向。通过元宇宙这一新颖形式，元境博域正助力传统文旅、文博拥抱电商经济，为虚拟经济与实体经济在元宇宙世界的融合发展做出探索。

图 6-19　手机天猫臻品馆

## 思考与练习

【选择题】

1. 以下关于区块链的说法，错误的是（　　）。

　　A. 区块链是一个分布式账本　　　　B. 区块链的定义没有统一的规定

　　C. 区块链具有很好的安全性　　　　D. 区块链是中心化的数据库

2. 云计算的一大特征是（　　），没有高效的网络云计算就什么都不是，就不能提供很好的使用体验。

　　A. 按需自助服务　　　　　　　　　B. 无处不在的网络接入

　　C. 资源池化　　　　　　　　　　　D. 快速弹性伸缩

3. 物联网的全球发展形势可能提前推动人类进入"智能时代"，也称（　　）。

　　A. 计算时代　　　　　　　　　　　B. 信息时代

　　C. 互联时代　　　　　　　　　　　D. 物连时代

4. 人工智能的目的是让机器能够（　　），以实现某些脑力劳动的机械化。

　　A. 模拟、延伸和扩展人的智能　　　B. 和人一样工作

　　C. 完全代替人的大脑　　　　　　　D. 具有智能

5. 导致元宇宙爆发的原因不包括（　　）。

　　A. 新技术发展与融合的必然趋势

　　B.NFT 技术为数字资产提供了有力的保障

　　C. 疫情推动了更多线上聚集

　　D. 其他技术都不行了

【问答题】

1. 请说一说你了解的我国的区块链平台。

2. 请简要说一说云计算和大数据的关系。

3. 请说一说阿里元境的应用场景，并举一个例子。

# 参 考 文 献

［1］朱晓峰，王忠军，张卫，等.大数据分析指南［M］.南京：南京大学出版社，2021.

［2］易元斌，周罗艳.大数据技术在高职院校就业信息化建设中的现状与应用研究［J］.山西青年，
    2021（10）：161-162.

［3］程春霖.构建"云智慧"就业服务体系［J］.营销界，2021（15）：160-161+114.

［4］盘和林，邓思尧，韩至杰.5G大数据［M］.北京：中国人民大学出版社，2020.

［5］李林.智慧城市大数据与人工智能［M］.南京：东南大学出版社，2020.

［6］陆泉，陈静，刘婷.基于大数据挖掘的医疗健康公共服务［M］.武汉：武汉大学出版社，
    2020.

［7］许愿，李红卫."互联网+"时代背景下高职院校就业信息化建设的实践与研究［J］.企业科技
    与发展，2019（09）：106-107.

［8］徐静.高职院校就业信息化建设途径研究［J］.青年与社会，2019（18）：225-226.

［9］陈志高.大数据技术在高职院校就业信息化建设中的应用研究［J］.海峡科技与产业，2019
    （04）：101-102.

［10］王波.大数据背景下高职院校就业信息化建设研究［J］.文化创新比较研究，2019，3（03）：
    161-162.

［11］李俊杰，谢志明.大数据技术与应用基础项目教程［M］.北京：人民邮电出版社，2017.

［12］陈晓红.大数据时代的信息素养教育理论与实践［M］.成都：西南交通大学出版社，2017.

［13］王融.大数据时代：数据保护与流动规则［M］.北京：人民邮电出版社，2017.

［14］林子雨.大数据技术原理与应用：概念、存储、处理、分析与应用［M］.3版.北京：人民邮
    电出版社，2021.

［15］王雨霖.大数据时代的金融：金融管理系统数据挖掘的研究与效用［M］.上海：复旦大学出
    版社，2016.

［16］吕晓玲，宋捷.大数据挖掘与统计机器学习［M］.2版.北京：中国人民大学出版社，2019.

［17］陈建英，黄演红.互联网+大数据：精准营销的利器［M］.北京：人民邮电出版社，2015.

［18］李俊杰，石慧，谢志明，等.云计算和大数据技术实战［M］.北京：人民邮电出版社，2015.

［19］马秀麟，姚自明，邬彤，等.数据分析方法及应用——基于SPSS和EXCEL环境［M］.北京：
    人民邮电出版社，2015.

［20］秦志光.智慧城市中的大数据分析技术［M］.北京：人民邮电出版社，2015.

［21］王鹏，黄焱，安俊秀，等.云计算与大数据技术［M］.北京：人民邮电出版社，2014.